请你允许自己是那朵晚开的花。

万特特 著

每个人的花期不同，不必焦虑有人比你提前拥有

新世界出版社
NEW WORLD PRESS

这个世界，有的爱转瞬即逝，

有的爱浮于表面，有的爱充满条件，

可小狗的爱永远单纯、热烈且真诚。

老天不让小狗说话，是为了让人类知道，

爱和忠诚要用行动来表达。

“馒头”和“花卷”隔着玻璃跟小猫聊天。

猫咪问小狗：“如何才能像你们一样开心？”

小狗说：“忘忘忘！”

City walk（城市漫步）的迷人之处就在于它带来的未知性和松弛感。

你不知道自己在下个转角会遇见一家怎样的小店，

也不知道自己会点一杯怎样的咖啡。

人不能总做正确的决定，

偶尔也要做让自己快乐的选择。

总觉得“夏天”是个很妙的词。

短短两个字，就能延展出很多画面。

有为了博你一笑在夜空绽放的烟火，有冰镇可乐钻进胃里的清凉，

有我们想要穿过人群去拥抱的白衣少年，有探头探脑的小猫。

每次念起“夏天呀，夏天呀”，

就感觉这世界有太多美好值得贪恋。

这个世界除了朝九晚五，还有很多人加班到深夜，

没有双休，没有热好的粥，没有灯火通明的家。

在家的人羡慕外面的花花世界，在外面的人午夜失眠也会想家。

故乡安置不来肉身，他乡安抚不了灵魂。

人生这条路，怎么选都会有遗憾，

所以，不要美化那条没有选择的路，没必要。

下雨天，改变了去官也街的计划。

撑着伞在半岛随处看看，

发现了一处花园式洋房——河东图书馆。

欧陆风格的建筑，前有拱廊，花团锦簇，

绿树成荫，还有被雨水打落的缅栀子。

摇滚的意义是什么呢?

大概是拾起，是打捞，是缝补，

是在苟且着的日子里听到某支曲子，

哪怕只有一个音符，也会充满力量。

Preface

前言

—

每个人的花期不同，
不必焦虑有人比你提前拥有

在夏末秋初，完成这本书。

不怕你们笑话，每本书结稿后，我都会酣睡几天。那是一种什么感觉呢？就好像从写下第一个字开始，我身体的每一个细胞、每一条神经都在为我全副武装地战斗。灵感爆棚的时候，它们陪我熬到凌晨 3 点；一整天只写了 241 个字的时候，它们陪着我颓丧。

直到我敲下整本书的最后一个句号，它们也跟着我松掉了憋着的那口气，于是血槽已空的我们一起“瘫下来”休息。

对很多女孩来说，我是作者，是姐姐，是朋友，是树洞。无论何种身份，我都感到幸运，只要有过交集，就已经是难得的缘分。

我想跟你们聊聊，我在 30 岁以后才想明白的一些事。

* * *

现在互联网太发达了，我们看到了太多同龄人的高分答案。

26 岁已经拿下五轮融资，27 岁财富自由，28 岁环游世界，等等。看多了，我们以为这就是“应该”，这就是“常态”，所以会下意识不自觉地否定自己，但其实你已经做得很好了，不要看别人发光就觉得自己暗淡。

真的没有必要去比较，如今的时代，各方面有天赋、优秀的人太多了，不是说让你不求上进，而是不要通过跟别人比较来让自己陷入焦虑。

不要为了还没发生的事而感到焦虑不安，不要病态地去贬低自己，不要强求别人来关注自己，更不要因为自己的平凡而苛责自己。

很多事都是需要时间的，你想要的生活并不会马上实现，你只需保持努力的姿势，其他的交给时间就好了。

每个人的人生轨迹不同，怎么走、往哪走，由你自己决定。在命运为你安排的属于你的时区里，一切都会准时到来。别怕来不及，但也请一步都不要停。

向上的欲望可以是无限的，但不妨碍你认可当下的自己。

* * *

大多数女性一生都在证明两件事：

一件是证明自己漂亮，另一件是证明自己被爱。

只有少数人早早清醒开悟，不再寻求他人的认可，明白比起自证，自爱才是女性一生要完成的课题。

女性的困境，是大量的金钱花在皮囊保养和服饰装点上，大量的焦虑花在不够漂亮和担忧变老上，大量的时间花在寻觅对的人和维系经营感情上。

于是，她们离最重要最核心的能力、利益、潜力，以及自我实现越来越远。

多数女性总是期望被人爱。拥有了这份爱，又要花大量的精力去维持这份爱，可能有的人还会在爱的游移变化中自我攻击和攻击别人。

如此拉扯几年，直到年华逝去。

有人爱而不得，得到了又恐惧失去，这是很多女性被动的一生，其实解药就是解套，从“求一人爱”的套子里走出来。

女性，她们有自己的思想、志向、天赋，还有美貌。我真的受不了听到有人说女性生来就是为了结婚的。她们存在的意义，是为了生长绽放、实现自我、创造价值，而不是一生悬系在“被爱”这条细细的丝线上，殚精竭虑，摇摇欲坠。

放弃对“被爱”的执着，主动积累爱的经验。女性如果精神贫瘠，执着于被爱，过于渴望被认可，那无论她享有怎样的能力与资源，都很难逃离现实的困境。

* * *

至于大家都说的与自己和解，这件事完完全全由你自己说了算，你想和解就和解，不想和解也是你的权利。不想和自己的素颜和解，那就化美美的妆，接受不了自己肚子上的肉嘟嘟，就去控制饮食和加强运动。

同理，你如果喜欢攒钱的感觉，攒钱让你拥有安全感，那你就攒钱。如果你认为旅行可以丰富、治愈你的人生，那你就收拾行囊出发，你开心就好。

别为难自己，真的没关系。

实不相瞒，我一直觉得自己蛮好的。

谁和我在一起都会拥有很多生活的乐趣和开心，以及内心的平静和幸福；谁弄丢我，我都不会认为是我的遗憾、损失，是他傻罢了。

几年前我写：真正的爱自己，不仅仅是你去了那家高格调的西餐厅，给自己买了全能乳液，又添了几件名牌新款；爱自己，是你能在多大限度上尊重自己、忠于自己、肯定自己，那是一种来自内心的力量，帮你对抗最平庸的生活。

只有不再担心别人怎么看待你，不再从自身之外寻求肯定，你才能成为自己的主人。

那么今天，我想更新一条自己对于“和解”的理解：允许自己被否定，无须他人认同。毕竟人生没有标准答案，你得先接受自己。

不要眼眶一红，就觉得人间不值得，更不要把一时的不如意当作是大结局。

随着年龄的增长，我明白生活除了积极以外，还要学会接受。接受并非所有的日子都是美好的，接受我喜欢的人真的对我没感觉，接受熬了几夜做的方案被一两句话全盘否定，接受犯错、失败、搞砸、被碾压等。

当一切没有按照我们的意愿发生，也没关系。

以前年纪小，觉得失去和告别是坏事，每每发生都会情绪崩溃，甚至放声大哭。

现在明白了，散伙和遗憾是人间常事，你我都不是例外，你越是把自己看得独特，你越容易受伤。什么都要讲究缘分，减少没必要的社交、没必要的猜测、没必要的乱想，以及没必要的玻璃心和比较心。

大家都会做错选择，会莫名其妙掉眼泪，但不妨碍我们看看晚霞吹吹风。生活如同海浪一般，时而平静，时而汹涌，没有谁的生活是完全顺利并且绝对美好的。

人生至暗时刻，大道理没用，“鸡汤”没用，蛋糕、火锅、奶茶都没用，就连家人和朋友的爱也只能减缓难过，却不能击退黑暗。

你问我拿什么可以真正把你拉出来。

当然是你自己，是一分一秒熬过去的你自己。

福祸相依，好坏并存，有鲜花就有荆棘，有独木桥就有阳光道，别急着担心和焦虑，这些都是人生的必经。

当你深陷低谷、时运不济、被人看扁的时候，也是你即将迎来高光时刻的时候，因为老天会把最好、最闪亮的东西，放在苦难的另一边。

不回头看，也不批判那时的自己。就算重来一遍，以当时的心智和阅历，还是会做出差不多的选择。

* * *

我知道有些人喜欢我，喜欢的是我开的花，他们愿意过来闻一闻我的花，抱一抱我的叶。但并不想给我浇水施肥，更不想面对我盘根错节在泥巴里的根。

但后来我也想开了，即使他们只是因为我的闪光点而普普通通、流于表面地喜欢一下，我也会因此而感到骄傲。泥土里丑陋的是我，阳光下盛放的也是我。

人与人之间能有一点吸引就已经难得，在未来遭遇人生不顺的时候，我也会因为得到过这些喜爱而知道，至少曾经有人被我所吸引。

曾经有，以后也会有。

有人说三十岁那也太老了，可这才是我们来到这个世界的第三个十年。在前两个十年里，我们没办法自由地喝酒、开车、旅行，或者对自己的行为负责。

三十岁是花园里刚刚盛开的花朵，是我们生命中最好的年纪，身体健康，亲人安在，赚钱的机会变多。十年懵懂、十年读书，三十岁才是人生的开始。我们可以做任何自己想做的事，也可以不做任何不想做的事。

为了自己所期待的事情而不断进步；大胆拥抱爱情，还懂得自我保护；知道自己喜欢什么、应该远离什么；去做你想做的，哪怕错了也没关系，至少你可以去反思、去流泪。

你不会比上次更伤心，每一朵小花都有她的盛放和凋谢，没什么好怕的。

三十岁，极其接近理想中的十八岁，而我们刚好成了一个很新的大人。

* * *

亲爱的女孩，不要生自己的气，不要怀疑自己、谴责自己，不要追问自己为什么不是玫瑰，我们也可以是岁岁枯荣、生生不息的野草。

就算努力了很久仍没有看到想要的结果，也请别灰心，因为你也是很用心才走到这里的。不必纠结于谁比我们更厉害，也不用太过于苛责自己，只要每次都竭尽全力、不留遗憾地付出就好了。你不需要成为别人期待的模样，也不必跟谁比较。

人生从来都没有什么是必须要经历和必须要完成的，早起或者晚睡，工作或者进修，结婚或者单身，想怎么选都是你可以掌握的。

要知道，并不是所有人都适合学术研究，并不是所有人都适合化浓妆，并不是所有人都喜爱追赶潮流，千万不要陷入大众所限定的条条框框中，不要被世俗的声音绊住手脚，就算这道题不会解，就算这个人爱而不得，就算这道坎是你心里的疤，都没关系。

人生只要还得过下去，日后照样可以风生水起。

* * *

网络上总是在强调人的力量，比如乘风破浪、披荆斩棘、全力以赴。

然而作为平凡的个体，我们终究会懂得：其实这一路的困途与厄境，哪有什么波澜壮阔的举动，有的不过是，勉强忍着想要逃离和回避的心，一步一个脚印，朝前走。

这一路，自己一个人解开心里一个又一个结，允许自己犯错，允许自己是那朵晚开的花。

星星从不在意自己在宇宙中的坐标，只要努力照亮属于自己的空间就足够闪耀。希望我们都能坦然地面对自己，接受自己，同时完善现在的样子。

这一生能够做自己喜欢的事，能够热爱自己所选择的生活，就已经很好很厉害了。期许自己活得更真实，接受甚至喜欢自己身上起伏的每一部分，懂得处理和欣赏各种欲求，我们要先喜欢自己，才能更喜欢这个世界。

亲爱的女孩，想象一下，三年后你真的成为自己喜欢的样子，你喜欢的一切都在身边。

那此刻的你，真的不想为自己再努力一下吗？不要愤懑命运不公、起点太低，还是把有限的时间和注意力放在提升自己、打磨自己上吧。

路会自己展开，请你务必一路披荆斩棘，向着属于你的荣光狂奔，在摩肩接踵的人群里，不会因为平凡而感到心慌，而是心有底气，酷酷地走下去。

希望你在自己的一方世界里熠熠生辉，闪闪发光。

祝你，祝我，祝我们。

把自己还给自己，让花成花，让树成树。

我在一个普通的周五下午写下这些字，如果你读到这里的时候恰好也是周五，那么见字如面。

如果不是也没关系，不管是哪一天，我都希望你快乐。

2023 年 9 月 于沈阳

也许世界的本质是混沌和无序，

愿你我都能找到心中那片澄澈的海。

把时间分给睡眠，分给书籍，

分给运动，分给花鸟树木和山川湖海，

分给你对这个世界的热爱，

而不是将自己浪费在无聊的人和事上。

这是一位读者在迪士尼写下的新年愿望。

有时候觉得自己何德何能呢，

被人真诚地喜欢和祝福着。

在西西弗偶遇自己的书。

《这世界很好，但你也不差》出版后，

我开始被更多的人认识、熟知、喜爱和重视。

这本书，带给我很多光。

Contents

目录

欢 迎 来 到 可 爱 世 界

1

那你呢，
在快餐时代里遇到小火慢炖的粥了吗

—

理论上，

爱情都是下坡路。

如果走得平稳，

是因为其中一个人悄悄垫了很多块砖。

如果走得欢呼雀跃，

那大概是被扛到了肩上。

* * *

一个人对你的好，并不是立刻就能看到的。因为汹涌而至的爱，来得快去得也快。

真正对你好的人，往往是细水长流。你可能会怪他没有付出真心，但在一天天过日子里，却能感觉到他对你无所不在的关心。你要花足够的耐心去了解，去接受，去习惯。

启明和十九邀请一众朋友来家做客。

两个人非要自制蛋糕，把厨房搞得一片狼藉。我们坐在客厅，听着厨房里“乒乒乓乓”的声音，沙发后的整面墙，几乎挂满了十九的青春。

7 岁的十九，坐在院子里的板凳上吃西瓜，西瓜籽粘在脸上。

14 岁的十九，穿着宽大的校服在操场上乱跑，一脸的青涩和明媚。

18 岁的十九，把头埋进各科课本和做不完的试卷里。

22 岁的十九，第一次失恋，在音乐节边哭边唱，睫毛膏和眼影模糊了整张脸。

27 岁的十九,一个人去了喀什，她说喀什是上帝打翻的调色盘。

最上面，是两个人在京都清水寺樱花树下的合照。

十九问启明喜欢自己什么。

启明说，小时候十九经常骑着自行车，从狭窄的胡同飞驰而过，他看到的总是她的背影和飞起来的马尾。

“原来你喜欢我后脑勺。”

“我是觉得你的头骨很特别。”

这理由，听起来离谱又惊悚。

* * *

启明是个外科医生，十九是个情感博主。

十九第一次意识到和启明的恋爱很“老派”，是在一次写软文的时候。品牌方想让十九给产品配一些有恋爱氛围的图，可十九翻遍了手机相册也没找到。

“有个广告，我需要借你的手拍点照片。”

“哦，好的。”启明憨憨地回答。

“真没想到，跟这个直男在一起一年多了，第一次拍牵手的照片，是为了打广告。”十九跟我们说完，哈哈大笑。

十九说，自己从前迷恋天雷地火的爱，两个人要在一起做很多疯狂的事。比如凌晨临时起意去郊外放烟花；上午还在办公室搬砖，下午就出发去沙漠。要出乎意料，要充满未知。她也一直认为自己作为情感博主，即便是到了 50 岁，还会为“这个世界上有热烈的爱”而狂欢。可是跟启明在一起之后，她开始喜欢逛公园，逛江边，在免费的不精致的城市步道上走很久，顺路买一束不知名的花。

“启明的爱或许不够漂亮，但它真实，真实到避无可避，真实到嵌入彼此生活中的每一个毛孔，甚至融入呼吸。”

说完，十九的眼睛里全是爱意。

* * *

两个人在一个胡同长大，初中、高中在同一所学校、同一个班级，有过交叉的好友圈。

但起初，启明只是十九生命里一个无足轻重的过客。

十九从小淘气，翻墙、爬树，俏皮侠气，爱打抱不平，是大人们口中“少跟她一起玩”的那种孩子。启明不同，听话、懂事，成绩优异。

都高三了，十九还是没有停止闯祸，每次十九的妈妈都会拿启明举例子：“看看你刘姨家的孩子，多稳当，多上进，妥妥的一本，你再瞅瞅你。”

起初，启明对十九来说，她就是知道这么个人，但两人不熟。因为总是被妈妈批评时拿来对比，时间一长，十九自然反感启明。

在胡同碰见，十九忍不住瞪他。启明看见也不生气，摸摸后脑勺笑笑，侧身靠在墙边，给十九让路，然后看着十九吹着口哨，急速地蹬着自行车一溜烟儿地不见了。

此时的启明心里正在发生着一场海啸，可他静静地站着，没有让任何人知道。

而看似机灵的十九根本不知道，在过去几年的时光里，她的名字被启明悄悄地写在草稿纸上无数次，她是他的青春代名词，是他的年少悸动。

十九因逃课被家里训斥，夜晚负气离家出走。启明听说后，找借口去自习室，实际上挨个儿胡同和同学家去找，直到看到十九在河边捞鱼，才安心回家。

每周四启明都要提前 40 分钟到教室，扫地、擦黑板，有时会故意留一点垃圾。因为那天是十九值日，他想替她多做一点，又担心被发现。

十九去市里参加排球比赛，启明悄悄往她的包里放了补充体力的功能饮料和零食。十九还以为是队友给的，没等比赛开始，就全吃光了。

校文艺会演，全班只有启明把票投给了唱歌跑调、跳舞又肢体不协调的十九。启明暗暗庆幸是匿名投票。

大人们有时在院子里聊天，说起十九最近又被她妈揍了，一旁的启明听见，忍不住低头抿嘴笑。

集体活动时，负责搞气氛的十九总是人群里最显眼的那一个。启明则是在安静配合的同时，用余光跟着十九。偶尔，十九能感觉到有目光跟着自己，炙热、隐晦，可回头找的时候，却从没发现过什么。

这是一场浮不上水面的单相思，也是害怕被对方发现的秘密。

* * *

那么多年过去了，她是他的暗恋对象，而他对她来说，貌似连好朋友都算不上。邻居？同学？路人？或是不太熟的童年玩伴罢了。

两个人是从什么时候开始热络起来的呢？大概是十九失恋之后吧。

成绩优异的启明自然是考上了一本，而学渣十九读的是专科学校，跟启明的大学就隔着一条街。

十九身上那些曾经不被看好的特质，比如爱折腾、鬼点子多、不循规蹈矩，到了大学反而成了让她闪闪发光的优点。

十九的第一个男朋友是音乐酒吧的驻唱。两个人因音乐结缘，虽然男生比十九小 2 岁，有些爱玩，但性格黏人也很有才华，对十九很是上心，还给她写歌。

两个人感情升温很快，羡煞旁人。

启明在学校附近的餐馆碰见十九和她男朋友，下意识想躲，不料被正在点餐的十九看到，她大大方方地拉着男朋友过来：“这是我老乡。”

短短五个字，概括了他们的关系。启明心里一丝失落，可是想想，十九说得没错，对她来说，可不就是一个老乡、一个邻居吗？

“坐下来一起吃呗。”十九热情邀请。

“不了，室友还在等我，先走了。”

“那好。对了，期末考完试一起回家吧。”

“好，到时候联系。”

启明勉强挤出笑容，匆匆离开。

如果，我是说如果，故事就到这儿，我想以启明的性情，大概会把自己的秘密埋在心里一辈子。

那个在胡同里玩耍打闹的女孩，那个从小就不乖的女孩，会成为启明心里永远的朱砂痣。

若干年后，两个人在新年热闹的胡同里，再相遇，相视一笑，擦身而过。

这样好像才是大多数年少爱情的结局，那就是没有结局。

* * *

偏偏过了半年，十九的恋爱就夭折了。

暑假，男朋友把十九送上火车，起初十九还欢欢喜喜，可假期刚过没几天，她就发觉不对劲，发微信不回，打电话不接。这莫名其妙的消失，让十九摸不着头脑，整日在家坐立不安。

十九用启明的手机给男朋友打过去，对方听到是十九，立刻挂断。十九不明白，自己这是被分手了？执意要弄个明白。

“我要提前返校。”

“那我跟你一起回去。”

果不其然，十九的男朋友早就劈腿，不过是没想好怎么跟十九说，想趁着假期，用冷暴力不明不白地分手。骄傲的十九炸了锅，跑去对方的房子，把自己送给对方的电脑、游戏机都砸碎，至于送的衣服和鞋子，全部用剪刀剪烂。

启明全程在一旁看着，没有阻止，只有一句：“撒气可以，别弄伤自己的手。”

十九想要一个合理的解释，哪怕是分手，也想对方堂堂正正当面说出来，可对方只有沉默。

“渣男！王八蛋！”万分不甘心的十九，也只能甩下这些话而已。

可有什么用呢？对方一副无所谓的表情。十九知道，自己的眼泪，半分都没有泼进对方的心里。

十九边走边哭，哭累了索性坐在路边。

启明抬手，摘掉十九因哭花妆而挂在脸蛋上的假睫毛，递过水："哭累了吧，喝点水，润润。"十九接过水，咕咚咕咚几口喝下。

"今天谢谢你，你人还怪好的。"

"谢我什么？我又没做什么。"

"谢谢你陪我，在我这么狼狈的时候。"

"哦。"

"回去可不许告诉我妈，谁都不要讲，太丢脸了。"

"不会，放心好了。"

那天晚上，两人找了家大排档，十九喝了很多啤酒。

酒精上头的时候，她说："这可是我的初恋啊，怎么结束得跟电影里不一样啊。初恋，你知道初恋是什么感觉吗？你不知道……"

后来，十九再也回想不起来当天晚上的后续，只知道醒来的时候，自己已经在宿舍了。

而启明呢，在把十九背回宿舍、交给宿管阿姨后，满脑子都是十九红着眼睛反复念叨的"你知道初恋是什么感觉吗"。

怎么会不知道啊？你就是我的初恋啊。

这是启明的答案。

* * *

那次之后，十九似乎学乖了。

经过一番恋爱的折腾，一向懒散不思进取的十九突然对学业很是上心，没有再逃课，认真做笔记，经常泡图书馆。也是在这个时期，十九发现自己很喜欢写短文小故事。

启明会带十九爱吃的辣炒年糕来学校看她，十九也会跑去启明的班级旁听，当然了，医学生的课，十九一个字都听不进去。

他鼓励十九写东西，做自己的公众号，做有主题有定位的内容输出。他还帮十九报了新媒体自营的线上课程。

现在的启明，被十九称作好哥们儿、好朋友、男闺密。

十九自己也觉得奇怪，不管做什么事，第一个想要分享的人，一定是启明。粉丝破万了，让启明请她吃火锅；阅读量 10 万 +，让启明请她吃烧烤。

启明通过实习期，顺理成章留院。

十九送了一块手表给他："你穿白大褂真的很帅，配上手表就更搭了。恭喜啦！”

身边所有人都看得出启明对十九不一般，可每次启明都以“老乡”“老同学”遮掩过去。默默守护，是启明擅长的。

* * *

公众号迎来红利期，十九顺势而为，做得火热。同时，她也迎来了第二段恋爱。

对方是位消防员，两人是在儿童福利院做义工的时候认识的。十九带着男朋友参加同学聚会，也会去消防站参观，听男朋友讲消防知识。

“这个不错，好好谈。”启明说这话的时候，觉得胸口堵堵的。

“嗯。”十九也说不清自己是什么心情。

启明又适时“退出”了十九的生活。

医院的工作并不轻松，经常要加班到深夜。每晚睡前启明一定会做的两件事：整理第二天的工作，看十九的朋友圈。

十九那边恋爱顺利，接到的广告也越来越多，报酬可观，她说这些都是启明的功劳。

* * *

隔年，十九和男朋友互相见了家长，大家都为十九高兴。

“这个疯疯癫癫的丫头终于有了好归宿。”邻居阿姨这样说，启明听着，心里一沉。是啊，该为她高兴的。

十九约了朋友一起去呼伦贝尔看草原牛马成群，刚落地就接到男朋友妈妈的电话，男朋友在救援中意外牺牲。

听着电话那头“呜呜”的哭泣声，十九顿时觉得头晕耳鸣，世界在那一刻安静下来。

告别仪式结束后，送走男朋友的爸妈，十九一个人呆呆地在殡仪馆的台阶上坐着，翻开男朋友的钱包，里面夹着两人的合影。没有眼泪，也不想说话，她也不知道自己在想什么。

不知过了多久，有人走过来，是启明。她拽着启明的衣角，放声大哭。

十九的公众号停更了，朋友圈也不再更新。她把彩礼钱退回给男朋友的爸妈，简单收拾了几件衣物回到老家，说想休息一段时间。十九的爸妈也希望她能回来住，每天看着女儿也放心。

那段时间，十九每天和妈妈去早市买菜，傍晚陪爸爸遛弯，做做家务，看看书，剩下的时间几乎是睡觉，看不出有什么异常。

启明跟医院请了年假，也回了老家。

明眼人都知道他是怕十九想不开。启明像小时候一样，在她的家门口徘徊，看到十九卧室的灯灭了，他才放心回去。

* * *

就这样又过了一年半。

十九基本回到了正常的生活，人又逐渐恢复了从前的开朗。

启明要去日本参加一个学术会议，邀请十九一起去。樱花盛开的季节，京都清水寺美得和动漫里一样。从寺里走出来，俩人散步，说起十九小时候的“光荣事迹”，哈哈大笑。

“所以，你是从什么时候开始喜欢我的？”

“你……你怎么知道？”启明被十九突然的一问，惊住了。

“是念大学的时候吗？”

“还要更早。”

“高中？难道是初中？”

“可能吧。”

“你一个乖乖三好生，居然早恋！”

“什么早恋，你用词不准确。”

“那你打算什么时候表白？”

“现在。”

这一下，换十九愣住了。

“虽然你从小到大都不是好孩子，脾气古怪，性格强硬，但我就想你能开心，哪怕只是陪着你。”

“你这表白，怎么听起来像骂人啊！”

“你也可以拒绝我。”

“还可以拒绝？”十九扑哧一声笑了出来。

“嗯，这个秘密我藏了太久了，我只是想说出来，不是要求你什么。反正我已经等了这么多年，不急的。”

“你可真是个呆子。”

原来，有些表白是为了表明心意，而不是索取关系。

大大方方地爱人，坦坦荡荡地展示自己的内心，没有自作聪明的套路，没有嘴硬的装酷，不计较所谓的谁先低头或认输，有勇气和自信去面对任何一种结果，哪怕结果不如意，哪怕是伤心一场。

爱，是勇敢者的奖励。

* * *

电影《春娇与志明》，朋友几次推荐我看，很难想象与香港禁烟主题有关的爱情片会有多么唯美浪漫。直到电影结束，我印象最深的片段，是志明从身后抱住春娇，说了一句：“有的事，不用一夜之间做完，我们又不赶时间。”

不知道春娇是不是在这一刻爱上志明的，反正我是在听到这句话后，开始喜欢上了这个有点酷的香港男人。

“我们又不赶时间”，这句话让人心动又心安，好像是岁月漫漫，我们还有好长的路要一起走过，不急着一时把激情燃烧殆尽，而是文火慢慢将爱熬煮成一锅粥，在平淡安稳的日子里撒一点儿盐，再放一小把肉末。一切都那么自然、美好。

要不是真的认识启明，我很难相信，这个时代会有肯这样花时间慢慢爱一个人的人。十九说得没错，启明的爱，很老派。

被爱会让人变得更好。

我以前一直以为所谓的更好，是指一些很外在的东西，比如说变美、变瘦、积极学习，其实并不完全是。

被爱会让人有一种从高空坠落时被双手接住的踏实感，会让人情绪稳定，会让人变柔软，会让人安心入睡，会让人在爱里学会爱别人。

难怪大家都说，被爱好似有靠山。

不赶时间，不火急火燎的感觉真的很舒服。了解各自喜欢吃什么口味的菜，看什么类型的电影，空闲时间有什么喜欢的小爱好，你看完他写过的所有状态，他读完你的长篇大论，两个人互相翻看彼此小时候的照片……而不是说一句喜欢，打几次电话就着急要在一起。

太热切、太轰轰烈烈的爱，就像一场龙卷风，以200米每秒的速度席卷呼啸而过，留下的不过是一地残垣断壁和恍惚的摇晃感。

* * *

慢慢来是一种诚意，是希望我们能花时间沟通，约定好时间出来看一场电影，然后吃饭、散步、聊天，就算别人说这是俗气的“三件套”，也一定要走完。

其实想一想，人一生中很多东西都是有限的，的确是慢一点儿，才更长久一点儿。

比如喜欢一部电影。

不要在吃饭或者做家务时点开，要在心情舒朗、时间不赶的时候打开，从片头开始到字幕结尾，全心全意投入电影中去，每一秒都好好感受。在这两个小时里，你属于你自己，你有了感悟和不一样的心情。

比如喜欢一本书。

放在枕边，总舍不得一夜之间看完，每天睡前翻上几页，一字一句，遇到喜欢的词句总是忍不住反复多读几次。感觉到困意了，就合上书，闭上眼睛默念着刚刚书里的情节，感受人物的情感，然后对明天的新章节充满了期待。

喜欢一个人也是这样吧，如果把每一天都当成世界末日来爱，那爱很快就会被耗尽吧。所以，请慢一点，再慢一点。

爱，不是要突然拽起他的胳膊，每小时飞奔多少公里，去看一场火山爆发，晚一秒都深感遗憾。

爱，应该是不赶时间的，慢一点相爱，时光能赋予你的，绝对超乎你的想象。

山高水长，带着诚意慢慢来。爱是一遍又一遍地重复不同瞬间的心动。我以为我不会比今天更爱你了，但是我昨天也是这么想的。

2

没有人回头，是为了再爱你一遍

—

有时候，给那个人第二次机会，

就像给他第二颗子弹，

因为第一颗没能要你命。

* * *

上周五晚上 11 点，庆哥突然打来电话。

“大作家睡了吗？下来吃点夜宵？”

“现在？”

“嗯。”

“走！”

接着电话那头沉默了 30 秒。

“没事吧？”

“没事，过半小时你下来吧，我们几个来接你。”

“哦，好。”

我、庆哥、月月还有大忠和他的女朋友，一起在附近的烧烤大排档坐下。

我和月月争执着小龙虾蒜蓉和十三香哪个口味更好吃的时候，庆哥猝不及防来了一句：“甄芯结婚了。”

大家突然安静下来，月月剥了一半的虾不知道该送进嘴里，还是该放下，大忠给庆哥倒上酒。

“嫁给谁啦？”我故意略带轻松地问。

庆哥抬头看看我们，说了一个从没听过的名字。

“呵，那几个知名备胎，一个也没获奖？”月月说。我踢了月月一下，示意她别说了，月月不甘心，又说，别看她叫甄芯，她可真是半分真心都没有。

* * *

庆哥对甄芯的感情持续了八年。

一开始，女神级别的甄芯并不认识庆哥。她和我们同届，但不同专业，她是音乐学院的，黑棕色长发，唇红齿白，仪态超好，周围从来不缺追求者，可以说是横跨所有院系。追求者里有富二代，有学霸，有学生会主席，不过这不影响庆哥也挤进这个大军。

庆哥除了一米八八的身高外几乎没有任何优势，普通的长相，算不上宽裕的生活费。但在国庆活动上，庆哥在后台看见作为礼仪小姐的甄芯后，决定追她。

他从别人那里要来了甄芯的手机号，又从我这里借走了我给校广播站写的稿子。

“你要我稿子干吗？”

“有大用！”

听大忠说，庆哥每天都给甄芯发短信。

“天亮了，整个世界都闪亮亮的，阳光透过淡淡的雾气，洒在尘世万物上，温柔如你。”

这是早晨的版本。

“夜深了，一颗颗星镶嵌在黛色的夜幕上，像熠熠生辉的宝石，更像我对你的无言思念。”

这是睡前的版本。

原来他借走稿子是为了用这些句子。

过几天，甄芯拉黑了他。

“这样不行，你得用正经的方式追人家。”月月跟庆哥说。

庆哥愣了一下，没说话。

“就是正式地自我介绍，发出邀请，请人家吃顿饭，或者看个电影什么的。”我补充道。

庆哥还是吭哧吭哧不说话。

“要不我们众筹，借钱给你去约会？”月月大笑。

“不是钱的问题，我是觉得追她的人那么多，她什么追求方式都见过了吧？吃饭看电影应该都排满了，我想给她一点特别的，让她觉得我跟别人不一样。”

这下换我和月月不知道说什么了，大忠在一旁说：“随他吧，南墙该撞得撞。”

书上说，你第一眼喜欢的人，真的会喜欢很久很久。第一眼就心动的人，是不甘心做朋友的，多看一眼都还是想拥有。

* * *

那时候是人人网的鼎盛时期，庆哥在人人网上加了甄芯好友。庆哥每天可以说是“住”在了甄芯的主页，早起一睁眼就刷新，到晚上实在困得不行了才恋恋不舍地关掉。

突然有一天，庆哥发现自己的主页浏览记录里有甄芯的头像，据说庆哥当时大喊，并叫醒了全宿舍的人：“甄芯来我的主页了，甄芯来我的主页了，快看啊！她注意到我了！”

几分钟后，庆哥突然严肃起来，点开自己的主页，开始疯狂删除自己过去发布的“状态”，比如：

天气太热了，热得想骂人。

今天在食堂吃了十一个包子，不服来战！

哲思老师长得好像卓别林，哈哈哈哈！

……

于是，庆哥再次翻出从我这儿借走的稿子，开始转型，比如：

少年的肩应该担得起草长莺飞和清风明月，女孩的眼应该藏下星辰大海和万丈光芒。

站在青春的夕阳下，感受着过往，留下浅浅的笑靥，这大概就是我们狂欢过的青春。

等待这种事，是有先来后到的。你只有先等到更好的自己，才有更大的概率等到你的意中人。

……

班级里的男生相继把他拉黑。

不过我们都没想到，甄芯居然在其中一条下面回复：写得真好，有才华的男生就是不一样。

庆哥鼓起勇气回复：你好，我是文学院五班的苏明庆，巨蟹座。

一晃到了暑假。

我和月月一起争取了去电视台实习的机会，大忠和家里人去安徽旅游。听说甄芯找了个教小朋友电子琴的兼职，她不回家，庆哥也就不回家了。万一她有什么事呢？这是庆哥的理由。

后来他真的等到了一个机会。

那天本来说好庆哥来电视台接我和月月下班，一起去夜市逛逛。排队买爆肚的时候，庆哥突然说自己有事要走。

“急事吗？要不要帮忙？”我问。

“不用不用，下次哥哥请你们两个吃顿好的，我先走了。”庆哥的声音跟他的人一起飘远。

月月掏出手机，看了一会儿，然后递给我。

“天气真好，有人想一起看电影吗？”这是甄芯五分钟前在人人网发的状态，底下是庆哥的回复：你在哪儿，我去接你。

我和月月互相看了一眼，摇摇头。

* * *

那天晚上我们几个在群里聊天，大忠说今晚住在民宿，明天一早登九华山。

我说：“听说九华山景色绝美，天青色，有烟雨，多拍点照片给我们看。”

月月说：“徽系菜是不是很好吃？带点特产回来。”

庆哥说：“我跟甄芯表白了。”

庆哥打车从夜市到文化路去接甄芯，夏夜的路上车水马龙，甄芯扇着小扇子，问庆哥：“我们看什么电影呢？”

“都好。”庆哥呆呆地回答，甄芯的扇子每扇动一下，庆哥的心就跟着动一下。

真美啊。庆哥心想。

电影的内容，庆哥完全不记得。从电影院出来后，庆哥给甄芯买了黄桃燕麦酸奶。两人步行回学校的路上，甄芯问庆哥：“你说，现实里真的有电影里那种爱情吗？”

“有的，我相信。”

“你怎么知道我喜欢这个口味的酸奶？”甄芯甜甜一笑，庆哥的魂又丢了半分。

“你之前发状态说我们学校超市这个口味的酸奶经常断货，你要跑很远才能买到。”

“你还知道关于我的什么？”

“知道你喜欢陶喆的歌，喜欢一食堂二楼的番茄炒蛋，喜欢在豆瓣发影评。”

“之前给我发短信的人，是你吧？”

“啊，是我……对不起。”庆哥紧张地掐着自己的大腿。

“说对不起的应该是我，不该把你拉黑，我以为是骚扰短信，我已经解除黑名单啦。”

“嘿。”

“谢谢你今天陪我看电影，你人真好，很细心。”

庆哥觉得浑身热血沸腾，快走到甄芯宿舍楼下的时候，他心一横，闭着眼问：“那……你可以做我女朋友吗？”

甄芯似乎没有感到意外，只是浅浅地笑了一下：“你这样很唐突哦。”

“我喜欢你，挺久了。”

“我知道呀。”

“那你会答应吗？”庆哥声音颤抖。

“我到喽，先加个微信吧，我先上楼了，改天见。”

* * *

“没戏。”大忠说。

“她没有拒绝我。”庆哥回。

“可她也没有答应。”我说。

“我觉得她还是有点喜欢我的。”

“有点是多少？”月月继续补刀。

“可她主动加了我微信。”庆哥沉默了一会儿又说，“你们不懂。”

他确实没有放弃。

他开始试着约甄芯出来，不过每次都被她用各种理由推掉。微信大概是发五条回复一条，不会失联，但也不会密切联系，庆哥每天发过去的“早安”“晚安”，甄芯也是偶尔会回。庆哥送过去的早餐，甄芯会表示感谢。偶尔话费不够了，庆哥会给她充。

快开学了，庆哥跟甄芯说:《超凡蜘蛛侠》上映了，我们去看吧。

他总觉得自己还有机会，他想让甄芯多了解他一点。不过甄芯这次没有回复。

人在面对自己真正在意的事情上，是不会随便对待的。在绝大多数时候，你所感受到的冷淡、忽视和不被重视，都并非错觉。

开学一周后，甄芯更新了状态，两杯可乐、两张电影票，还有两只牵着的手，配文是：喜欢的人和喜欢的电影。

是的，甄芯谈恋爱了。听说对方是体育学院的一个学长。

“你们文人管他这种叫什么？”大忠问我。

“痴情。”我叹了口气。

“什么痴情，明明是傻。”月月气鼓鼓地说。

“你们不懂。”庆哥低着头。

* * *

一年后，我们毕业。

月月做了美食探店博主，我继续我的写作梦，大忠考了公务员，遇到了现在的女朋友，庆哥开了个精酿酒吧，生意很好。

每个人都在认真地生活。

又过了两年，我们意外得知，甄芯和学长分手了。

庆哥叫我们去酒吧喝酒，那天他格外高兴：“哈哈，我就知道他俩不会长久，我的机会又来了。”

我心里一惊：“不会吧？你还没放弃？”

“非得吊死在这一棵树上吗？我们办公室的单身女孩介绍给你。”大忠说。

背着设备风尘仆仆赶来的月月，听到庆哥要继续追甄芯的消息，整张脸垮了下来。

总有一个人，是你明知不可为而为之的坚定，可往往这个人很可能是老天派来给你上一课的。到最后，要么一生，要么陌生。

念念不忘，必有回响。若无回响，必有一伤。

* * *

庆哥真的又联系上了甄芯。

短暂的寒暄后，甄芯便很少再回话，不冷不热，发十几条才会回一次。

直到有一天，甄芯主动联系他。

“我现在在做主播，有空来我直播间互动呀？”甄芯在电话里说。

“好。”庆哥心花怒放。

从那以后，只要甄芯开播，庆哥就会准时准点出现，就像他当年蹲守甄芯的人人网动态一样。有几次我去酒吧，他把直播投屏到酒吧的幕布上，他看着她弹尤克里里，看她跳民族舞，看她和直播间里的人闲聊。

庆哥也会给甄芯刷礼物，从几百块到几万块不等。

“值得吗？”我问庆哥。

“他们说人的细胞每七年更换一次，我已经是全新的我了，可是全新的我还是喜欢她。”

“好吧。”

“你写过那么多爱情故事，你应该知道，爱情是无解的。”

“好吧。”

“她直播这个椅子看着不舒服，我给她买个别的款。”说着，庆哥打开手机开始选购。

就这样大概过了半年，这期间甄芯来过酒吧几次。每次甄芯在，月月就不来了，她说这女人就是在利用庆哥，她说自己没有庆哥这种缺心眼的朋友。

慢慢地，甄芯直播的频率越来越少，经常一连几天不回庆哥的微信，说是出去旅行了。后来我们才知道，甄芯签了一家传媒公司，老板年轻有为，两个人谈起了恋爱。她从小主播变成了老板娘。

“忘了她吧。”大忠拍了拍庆哥。

庆哥只是沉默，不说话。

很久以后我们才知道，庆哥经营酒吧这几年的收入，基本都给甄芯刷礼物了。更狗血的是，甄芯说自己做直播辛苦，想签一家公司。庆哥找了关系，给她联系了这家传媒公司。

酒吧停业，庆哥去旅行，没有告诉我们去哪里，半年后才回来。

让你失望的人，怎么会只让你失望一次？给那个人第二次机会，就像给他第二颗子弹，因为第一颗没能要你命。

* * *

甄芯结婚的消息，庆哥是从她一个学妹那儿听说的。

他没有收到甄芯的请柬，怎么可能收到呢？甄芯换了手机号，微信朋友圈停留在半年前，她轻飘飘地就从庆哥的生活里消失了。

烟熏火燎的烧烤摊，只剩我们这一桌。

庆哥一口气喝下一大杯扎啤，摇了摇头，说："我不怪她，翻篇了，就不讲对错了。那是我的青春，是我的爱情。"接着他拿出手机，点开那个名为"她"的相册，照片里的甄芯笑颜如花，连头发丝都带着光。

"真美啊。"庆哥轻轻地说，然后按下"删除"键。

有人说，辜负真心的人应该吞一千根针，可事实却是，每一根针都扎在付出真心的人身上。

当心里珍视的东西一直在破碎，一直一直在破碎，不知道在哪一次又碎之后，你就再也没力气拼起来，因为太累了，不想要了。

如果你和一个人的开始就是不对的，结果自然不言而喻。会有那么一天，我们要学会放下执着和不舍，带着稍许遗憾走下去，是认清，是放过，是无能为力。

总不能耗尽所有精力，去换一场辜负吧。

* * *

我不太会劝为情所困的人，因为我知道，我劝的每一个字他都不会听进去。

已经 2024 年了，难道还不明白：感受不到回应就是没有；不确定对方喜不喜欢你，就是不喜欢；不能直来直往，就是不笃定。

爱情这东西，有的人就是要反复以身试错，反复期待和失落才能明了。真的是应了那句话：说好的十分苦，少一分少一毫，都不能使你活得这般通透。

这些年我偏向一种原则，就是你若无情我便休。大家都不必太执着，更不必一直消耗自己。你明白了这一点，就没什么好不舍的。

不如趁早收网，和同样爱的人相互心软，好过在一个人身上浪费爱意。那些你放不下的人和事，岁月终究会替你轻描淡写地抹去。

* * *

什么是爱？还能相信爱吗？

这是我微博私信里，被问得最多的问题。

在我看过的关于爱的定义里，博尔赫斯有句话很打动我，他说“爱是一个从未有过信仰的人的忠诚”。

我是这样理解的，尽管我爱你这件事违背了我的天性，忤逆了我的本能，但我依然要给出我基因里不曾被激活的东西。这就是爱，这才是爱。

渣男渣女之间，那叫关系，不叫爱。

爱是一种极其强大、稳定且高尚的精神力量，它一击即中，而你束手就擒。

爱是疲惫生活里的“但是”，是可以在抱怨完“今天很累”之后，又飞快地补上一句“但是今天也很爱你”。

不是说你这一生只能爱一个人，而是你在爱他的时候，就只爱他。漫长岁月里，你反反复复爱上他，然后你把这一个个瞬间连在一起，于是就有了永恒。

尽管这是一个人人都在污名化恋爱的时代，但如果你人云亦云，因为没见过就不相信，其实是很可惜的。不要抱怨自己难遇真爱，同时又投身到乱七八糟的关系里，到最后你只会什么都不相信。

身为一个纯爱战士，我是真的相信爱情。因为我一直都很信奉一句话：你相信什么，你被什么打动，什么就是你的命。

你信，才能遇到真爱。

3

他并非无声的海，只是不为你澎湃

—

“很好奇为什么明明心里知道答案，却非要问清楚。”

“因为大家都没办法接受自己看错人吧。”

以委屈、为难、失去自我的方式，

来获取对方虚无缥缈的关注，

是非常愚蠢的行为。

* * *

你可能不知道，大多数的爱而不得、遇不到称心的另一半、故事结局的事与愿违、感情中的矛盾不和，并不是你或对方不够优秀、不够好，而是你深陷在感情误区里。

靓靓在半年前，遇到了理想的意中人，颜值、身高、谈吐都正中红心。

关键是那个男生撩起人来很主动，特地从北京飞到广州给靓靓过生日。他们互相把对方设为置顶好友，聊了无数个相见恨晚的通宵，在烟花绽放的夜空下接吻。

但当你遇到一个处处都满足你幻想的人时，你反而要启动警戒系统。那或许只是糖衣炮弹，金玉其外，败絮其中。

果不其然，一段关系如果模糊地开始，就会模糊地结束。后来对方开始频频玩消失，不联系、不出现、不解释、不否认。

“你说他到底还爱不爱我？”

“如果他不爱我，为什么不肯直接告诉我？”

“为什么之前跟我打得火热，突然冷了下来？”

靓靓因为这几个问题耿耿于怀很久，给我发了很多篇小作文。

她说她想不通，自己明明很优秀，为什么对方不肯向她坦白和承认，非得用冷暴力的方式逼着她放弃，她不是那种死缠烂打的人。

我明白所有失恋后的女孩都想要一个肯定的解答，曾经我也一样。

这也是恋爱后女孩最容易犯的一大错误，她们总以为男人不爱了会直接说明，没得到明确的答案就是还有机会，于是纠结着、纠缠着，导致自己情绪时好时坏。

但事实是，有的人就是不会给你明确的回复，说他性格问题也好，说他懦弱不愿面对也好，说他不够爱你，敷衍了事也好。

一个男人如果真的想要跟你继续，一定会有明确表示的。如果他能一直忍住不找你、冷落你，你就别为他再找任何的借口了。

答非所问就是回答，敬而远之就是不喜欢，沉默不语就是拒绝，犹豫不定就是撒谎。

答案那么重要吗？你没有其他事情要做吗？他的态度还不够说明一切？对方的冷漠无情也不能让你清醒？要不到答案的问题，就别问了吧。

人人手机不离手的年代，没有人会凭空消失，大家都只跟自己在意的人联系罢了。

不要追逐那个离开的人，对离开你的人抱有执念、期望和依赖，只会让你痛苦。没有回复就该明了，答非所问便是答，避而不答是已答。

喜欢就像乘法，只要一方为零，结果便为零。

成年人的世界里，早就告别追问了。“去者不可追”这道理100%是正确的，有些事情没必要追问，你回头看看所有细节，就心知肚明了。

* * *

“是我哪里不够好吗？”

“是我不够漂亮吗？”

靓靓追问。

我们女孩，真的很爱给自己的不被爱、被放弃、不被最终选择找自洽的原因。恋情可以结束，暧昧可以搞砸，当那段关系粉碎的时候，我们觉得一定是有原因的。不断攻击自己，好像只要是自己不够好，就能坦然接受爱而不得一样。

于是，靓靓有段时间像着了魔一般想变优秀，费心经营朋友圈，试图唤起对方的后悔。

但我说实话，一个男人为什么不爱你，这是一道无解的考题。

爱情本来就是不可预测、不可掌控的。这辆过山车突然疾速转弯，比你想象的可能还要隐秘、乖僻、没有理由。

以委屈、为难、失去自我的方式来获取对方虚无缥缈的关注，是非常愚蠢的行为。

真的不用把一段恋情的起承转合，尤其是把对方的转身，归咎到自己身上。以为找到自己“不被爱的原因”，就可以对症下药，实在有些天真。

没用的，人长大就会发现，很多事情根本就没有原因，我们能做到的只是接受结果。你就算正儿八经去问对方，真去伸手戳穿那张纸，眼前也可能只是茫茫一片，肤浅苍白。

至于质疑自己长得不够好看，是不是因为工作不够好、没有很好的出身等，我只想说，大可不必这样想。

看了那么多女明星被辜负的八卦，你还不明白吗？他不爱你的时候，你就算美得像天仙，且有钱有资源都没有用。

毕竟，被爱的前提不是漂亮，被爱是幸运。

劝女孩们一句，下次遇到同样的事，直接说一句“好的”，然后就头也不回地离开。即使眼泪喷涌而出、心痛欲裂，也千万别回头挽留。

如若对方有情，自然会错愕于你的潇洒，疑惑你的态度，继而胡思乱想，不甘心，最后甚至开始后悔当初的鲁莽。

如若对方无情，别说你那几句矫情的话，即使一哭二闹三上吊，他也日子照常过，面不红心不跳。

允许生命有遗憾，允许求而不得，允许不圆满，是一个成年人应该有的素质和修养。

没什么大不了的，真的。

* * *

我站在 33 岁的年纪，想对在情海里沉浮的小女孩说，不要研究男的。

他们，不值得研究。

为什么爱你，为什么不爱，他们有没有感受到爱意消减的痛苦，会不会共情你被突然放弃时的伤心，就更不值得研究了。

不被爱，你没有错，他也没有，只是不爱了而已。

“那辜负我，他会后悔吗？”

“你只需要知道，他错过的是他曾经拥有过的天花板，他能辜负你，说明他对美好的人和事没有感知力，也不懂珍惜，而这种机会，上天不会给他两次。亲爱的女孩，好好往前走就行，之后你们两个人的运气都会均值回归，他的上限是你，你的下限是他，这段感觉不过是你这一路崴了一下脚而已，可能会有点痛，揉一揉就会好，而他一生的峰值就是遇见你。你该庆幸，以后你们回到各自的轨道，永不相交。”

年轻可以试错，非要撞了南墙头破血流，才知道什么样的创伤药最好，什么样的人不能爱，也会知道该如何绕开那些弯路，如何不让自己受伤。

可是人生却不允许你一错再错，如果可以，在面对爱情的时候，适当理性一些。年轻不是放纵的借口，有些得不到回应的爱，有些消耗磨损你身心的感情，有些对你来说不适合的人，离开要趁早。

不要把感情失败看得很严重，就跟你吃一颗外表看起来正常的花生，剥开吃到嘴里才发现坏了，没关系，吐掉，吃下一颗就行了，跟你是个什么样的人完全没关系。别怀疑自己。

* * *

一个人，如果沉迷于恋爱而走不出来，本质上是没有自我。

不知道自己想要成为什么样的人，想要拥有怎样的生活，不知道自己的梦想是什么，往哪里走，跟自己的感受和生活失去了连接，才需要通过恋爱、被爱来确认自己的存在。

这样一旦进入恋爱，就容易把自己仅有的美好性格、品质都抹掉，变得失去自我。

我们会遇见谁，爱上谁，都不以个人意志为转移。

只是在这个过程中，你可以拥有自己的意志，发挥主观能动性，选择保持一颗怎样的初心，以怎样的方式去对待别人。

很多人不断将自己的崩溃、绝望、失望、声嘶力竭归咎于爱情。

但其实，问题一直都在你自己身上，只不过以前没显形罢了，谈一次恋爱，遇到个喜欢的人，让所有的问题无所遁形，仅此而已。

姐妹们，醒醒！

爱情不是救命稻草，也不是灵丹妙药，它只是探寻自我、认识自我、享受自我的一个辅助工具罢了。

前几天和一位姐姐聊天，讲到自己这些年最大的变化时，她说，她发现自己已经不再执着于被爱了。

我也感同身受。

年纪小一点的时候，我觉得爱是任何事情都要报备，是每天和我聊到深夜，是写不完的情书，是说不尽的甜言蜜语。后来我对爱有了进阶的理解，认为爱最重要的是包容、妥协，是放肆也是克制。

但抱着这样的心态去谈的恋爱，往往以自己不断的失望和心碎作为结局。因此我也会反复地思考和灰心，去追问自己是不是不值得被爱。

到今天，在经历过被辜负和辜负别人之后，我仍认为爱是很重要的东西，但它不再是我的执念、追求。

如果我们只通过他人对我们的否定或者认可，就去评判自己值得被爱的程度，那么只会在他人的眼里苦苦挣扎，所做出的事也难免在刻意讨好对方，让自己变得压抑和不快乐。

不执着于被爱，而是把去爱的权利和掌控感还给自己，是每个女孩成长的必经之路。如果你爱我，那你真有眼光；如果你不爱我，我只会说“没关系”。

* * *

我看过一个帖子：学历、长相、家境都一般的普通女孩会被人真心喜欢吗？

高赞回答如下：当然会。只要你能接受那个喜欢你的人学历、长相、家境都跟你一样普通。

这个回答戳到了我，也戳到了这个柔软问题的坚硬核心。这回答并不深奥，却是十分透彻。

恕我直言，绝大部分人都会把自己想象得比真实的自己要“出色”很多。我们更愿意幻想自己和那个喜欢的人是全天下最特别的一对，而不是和跟自己一样平平无奇的人过普通的一生。

我们逢人就说想找到“对的人”，然而真来一个跟自己水平相当的人对你表达心意，你又难免会嫌弃：他好普通，不会发光，要怎么喜欢？

没关系，这不可耻，也不丢脸，慕强是人性而已。人都是既要、又要、还要的生物。我当然也如此。

我想起从前我喜欢过的每个人，都无一例外有着好听的学历、好看的脸。可是不怕告诉你们，很遗憾，在这些人的身上，我却从未见证过谁对我有着滚烫的真心。

所以，那些看起来好看、听起来好听的东西，都只属于他个人加成而已，他闪闪发光这件事跟他爱不爱你没有半毛钱关系。

爱真的不是拿着红笔一项一项去对标，不是情感专家眼里的交换游戏，而是你在彼此的相处中发现对方的某种特质治愈了你的隐疾，融化了你的心伤，是茫茫地球上一瞬间发生的小型奇迹，是荷尔蒙暧昧的相撞霎时到达惺惺相惜的理解，是烟花绽开的光亮同时照到了情人的眼眸，是几十亿人里普普通通的两个人突然之间变得心灵相通。

你的人生都会因为那个人的出现而变得稳妥、有力量，再然后，你才惊觉原来这个看似普通的人，有专属他的好。

希望我们都能像黄永玉先生写的那样：

明确的爱，直接的厌恶，真诚的喜欢。站在太阳下的坦荡，大声无愧地称赞自己。

切记，爱不是追星，不必拿严苛的条件作为衡量自己爱意的单一天平。

我们要的，始终是一颗真心。

* * *

说到真心，这话题就更复杂了。

如今社会，大家对待感情的态度似乎越来越随便，能拿出一分真心的都是珍稀动物，被欺骗、被辜负好像成了稀松平常的事。

这个世界上有太多说了爱你却又不好好爱你的人。他们爱说喜欢，对你道着早午晚安，看上去比 24K 黄金还真，可坚持一段时间就现出了原形。

好似花花世界，撩着玩玩而已。

小杜和前任分手的那会儿，没有人觉得可惜，因为大家都看在眼里，这对她而言无疑是种解脱而非遗憾。

在爱情里，她是个死心眼，认准了谁就对谁往死里好，什么洗手作羹汤、砸钱买大牌、陪游戏陪旅行，从不说一个“不”字。

可她全心全意付出着、爱着的那个人，一边全盘接收她的好，一边又贪恋外面的花花草草。

最开始小杜就算哭红了双眼，也依旧能被对方三言两语的保证骗得继续待在他身边。但后来失望累积成海，她终于看清自己在对方心里的位置，于是头也不回地走了。

卑微的爱开不出花来，却能滋长肆无忌惮的伤害和不知好歹的猖狂。

一个人真心喜欢你是什么样子？

我想，可能羞涩，可能笨拙，但绝对不会是明知你会伤心还为之。

“专一”是男生最高级的性感。

真正的爱，是“你一出场，别人都显得不过如此”，会觉得别人索然无味，像是沉浸于层次丰富的小说，无法自拔。

那种踏实的感觉，让你没有什么好顾虑的，所以这段感情彻彻底底，不需要你再用别的什么去对比、定义、证明。

有些人将“爱情里，一旦认真你就输了”奉为恋爱秘籍，却不知爱情是很公平的东西，不走心就一定会输，都不用意外。

* * *

一个人若是心里有你，你根本不必讨好；若是心里压根儿没你，那更加不必。

只有在喜欢的人也很喜欢自己的时候，你才可以把姿态放低，低到满地打滚，他也会跟着你打滚。如果不是这种情况，那么姿态越低越可笑，两个人都尴尬，坐也不是，站也不是，搞不好你满地打滚的时候，人家只当你是扫地机器人。

不对等的恋爱关系，说到底都是深情的那个人赋予对方的权利。爱情虽然没有绝对的公平，但长期严重失衡一定是不会长久的。

如果不想下半辈子都活在自卑的阴影里，那么赶紧远离那些不欣赏你的伴侣才是上上之策。

永远都不要踮起脚尖去爱一个人，重心不稳的感情迟早是要垮掉的。与其取悦一个人，不如忍着痛放手，成全彼此。

别再信“不放手的才叫真爱”“爱一个人就是卑微到尘埃里”这种话，在现实的爱情里，即便是你卑微到尘埃里，也开不出一朵花来。

爱情不是一件通过努力就能实现的事，你再怎么取悦迎合也填不满感情的无底洞。爱情很美，世界也很好，但如果你身边站错了人，那你的全世界也就都错了。

* * *

他是真心喜欢你吗？或许再多的条条框框，都无法精确定义爱这么柔软的东西，你只需要交出自己的诚意，去感受。我也知道相爱同时伴随着伤害的可能性，但它仍然是如此地好，让太多人为之赴汤蹈火。

在真心打着灯笼也难寻的年代，如果还能在茫茫人海里遇到个怀揣着一颗赤诚之心、愿意毫无保留给予之人，简直就是运气爆棚。

祝愿你们都早日遇见那个向你奔来的痴情人。

4

月亮不属于我，
但有一刻它照亮了我

—

年轻的时候，

要去喜欢很好很好的人。

这样纵使没结果，

很久以后你也会觉得，

月亮不属于你，

但有一刻它真的照亮过你，

那会是一种支撑你走下去的力量。

* * *

《那些年，我们一起追的女孩》被搬上银幕之后，朋友还跟我聊起当年在晚自习偷偷看的小说居然都已经拍成电影了。那个时候，我却始终没能明白沈佳仪的那句话：“人生本来就有很多事是徒劳无功的，但是我们还是依然要经历。”

生活永远不会像电影，它充满着遗憾和不确定，我们有着电影里男女主角的影子，却不一定会有他们那样的结局。

柳晓无数次地幻想过和刘宁宇再见面的场景。

在电影结束，场内的灯突然亮起的瞬间；在拥挤的晚高峰，两人的车并排停下等红灯；在商场里选家具，试坐同一款沙发；在土耳其同乘热气球；在画展被同一幅画吸引……

像无数小说里写过的那样，曾经喜欢过的人，兜兜转转，还能重逢，隔着人群伸出手去用力拥抱对方。想着想着，柳晓会笑自己偶像剧看多了。

事实是，十二年后，两人相遇在一场家长会上。

柳晓是班主任，她最喜欢的一位学生的座位上，坐着的正是刘宁宇。

两人对视，怔住，点头笑笑。这一笑，打破了时间的浇筑。

柳晓一时有点找不到自己心情的立场，这个人是谁呢？是好朋友吗？可谁看见好朋友会心跳脸红？不是好朋友吗？可除此之外，还能是什么呢？

你瞧。有人千帆过尽，有人船舶归岸；有人穿上新衣，换了城市，却还是忘不了旧人；有人背尽聂鲁达的情诗却不敢说出一句“喜欢”；有人捂住嘴巴，爱意会从眼睛里跑出来。

* * *

每个人都在年轻时代喜欢过这么一个人吧。

聪明，好看，成绩单漂亮，有一项特长。在年级中，在学院里，声名远播。

他总是被女孩儿们聊起。他一个人走在路上时，远处会有人拉着身边的人的衣角，说“这不是那个谁吗”。你意料之中地喜欢上他，只是望向他的众多眼睛中的一双而已，跟别人的没什么区别。

他就像站在一个舞台上，灯光打在他身上，你就是台下的普通观众，穿着普通的衣服，发出普通的尖叫，但你仍留有一点儿念想：“他会不会看到我？”

这种故事一开始就注定了，你认识他，然后喜欢上他。这种情愫怪异但真实，很多年后，当年的喜欢被时间梳洗得只剩些末梢的味道，你因为工作需要，打开多年不用的社交软件，突然看见他的名字。为大牌包和房贷奔走的年纪，他的名字像从当年无忧无虑的傍晚操场吹来的一阵小风。

只有经历过的人才知道，当暗恋的情愫过于盛大和隆重时，很多时候，是无法喊出那个人的名字的。

虽然就是那么简单的几个音节，可要清晰地说出它们，却像移走一座大山一样艰难。可能在别人眼里不过是一个符号，但在爱着的人心里，字字千钧，是不到万不得已不愿吐出的一种战栗。

对于柳晓来说，刘宁宇就是这样的人。

在被言情小说轰炸得泪眼蒙眬的时候，柳晓的一场暗恋悄然发生。

电影《初恋这件小事》是团圆结局，小水成了有名的设计师，回国后跟暗恋多年的阿亮在一起。但真实的故事通常是，小水跟圈里另一个有名的设计师在一起，没有阿亮的戏份。

在灿烂的名利场，小水偶尔还会想起来自己一开始想要变好，是为了靠近阿亮。他就成了岁月曾经给过的难忘和现在心里偶尔涌动的唏嘘。

余秀华曾写过："当我爱你时，我曾憎恨我的不完美。我希望我可以做得更好。"

柳晓正是这样。

柳晓和刘宁宇成为辩论赛搭档的那段日子，是柳晓记忆里最明亮的一段时光，两人一起夺冠，一起跨年，可以为了备赛一起睡在同学家的地板上。那时候大家都认为，他们是天地可鉴的战友情，或许刘宁宇那时也这样想。

只是刘宁宇不知道，柳晓为了能成为他的队友，熬了多少个夜。笔记本电脑还没普及的学生时代，柳晓是校门口网吧的常客，她要查很多很多的资料，准备一份又一份的讲稿。同时她开始关注自己的皮肤、体态、穿搭，她只是想站在他身边的时候，不会太暗淡。

喜欢一个“舞台上的人”，然后试图去接近他，是一种自我成长的方式。

他喜不喜欢你不知道，但你也站上了舞台，那个舞台也属于你了。“喜欢”这种心情，带给人的应该是正向的能量，我们像是开启了洪荒之力，还打了一针肾上腺素，能量满满、野心勃勃，用尽全身气力想要走向那个人，想要变得优秀，变得更能与他相配。

这么想的话，选一个优秀的人暗恋也可能是一个变优秀的捷径。

年轻的时候，要去喜欢很好很好的人。

这样纵使没结果，很久以后你也会觉得，月亮不属于你，但有一刻它真的照亮过你，那会是一种支撑你走下去的力量。

* * *

那样偷偷地爱着的时光，虽然美好，却也令柳晓纠结、焦心。

那些年，柳晓看着刘宁宇和不同的女孩子短暂交往、分手、再开始新恋情，甚至帮他追女孩子——帮他刺探军情，帮他仗义执言，帮他在晚会上要微信，帮他挑选生日礼物，帮他在表白现场挂满心形气球、帮他下载《情非得已》做吉他伴奏。

柳晓也会跟着身边的人一起，假装八卦，假装起哄，但心里已经崩塌成一片废墟。

他是她的咫尺天涯，也是她的海角天涯。

你看，暗恋真的算是这世上最难把控的距离，远了，怕看不到他的喜怒哀乐；近了，又怕发现他的喜怒哀乐里并没有你的分量，反正怎么做都是心酸。

于是，安慰自己，其实做好朋友也挺好的啊，可进可退，永远处于不会出局的最安全的位置。但是你要知道，当好一个“备胎”的前提是——只要你甘心做他一辈子的路人甲，只要你多年以后不后悔。

悄悄喜欢一个人，就像歌里唱的“我站在你左侧，却像隔着银河”；像他明明很喜欢喝可乐，你却抱着一箱纯净水；就像你在看他，他却在看风景。

悄悄喜欢一个人，吸进来的都是勇气，最后吐出去的都是叹息。

后来，柳晓和刘宁宇去了不同城市读大学。

有一年寒假，刘宁宇去火车站接柳晓。他接过她的小行李箱，两人踩着大雪往家走。漫天雪花落在他的围巾上，落在她的睫毛上。仿佛整个世界都已静音，静到柳晓可以清楚地听到，不知道从哪里传出来的清晰有力的心跳声。

一不留神，踩了空，刘宁宇一把拉住了她的手。

一路上，再没松开。

两个人分享着各自食堂的菜系，说些学校的奇人逸事和无关痛痒的家常话。

可到如今，柳晓已经想不起来那天是如何散场的，“我想和你在一起”这话也终是没说出口。两个人是怎么走回去的，是谁先松开手的，统统不记得了。

她只记得雪花簌簌落下，凉凉的。

我们都不擅长告别，所以在分开的时候，我选择和爱你时一样悄无声息。就像雪人过完新年，会一个人拥抱大地。

那天之后，他们再也没见过。

中间的十二年，失联、复联再失联。她知道他创业当老板，收益不错，他知道她考教师编，生活稳定安逸。她不知道他已结婚生子，他不知道她一直单身至今。

网络上有个帖子：怎么做到喜欢却不联系的？

评论区有人回复：那晚，我抬头发现照着我的月光，同样也照着别人，从此我便不再一心向月。不能联系，只要一联系，还是会心生涟漪。几个小时什么事都做不了，要花 N 倍的时间和精力去忘掉。

经历一场，贪心就是惩罚，不贪心就是奖励。

* * *

电视剧《我可能不会爱你》，柳晓看了不下十遍，每次看都要拉着身边的朋友们念叨："所有的暗恋都能得偿所愿就好了。"

柳晓和刘宁宇也不知道，两个人为什么都没有往前走一步。爱情有时候是一瞬间的事，错过了那个节点，就没有了。

"孩子以后还是要多麻烦老师了。"

"别这么说，他很优秀。"

"改天叫上老同学，一起叙叙旧。"

"好，有机会再见。"

刘宁宇似乎欲言又止，最后还是转身走出教室。柳晓看着他的背影，和当年在篮球场看他打球的时候一样，挺拔、清爽。

柳晓低头整理学生资料，不禁一笑，心想：难怪有故人之姿，原来是故人之子。

我喝过的酒里有你；失眠的夜里有你；唱过的情歌里有你……是啊，我喜欢过你，但也只能到喜欢为止。

我曾经偷偷地喜欢过你，那种感觉从未在我心里消失，但愿它没有打扰到你；我曾经毫无指望地喜欢过你，既有嫉妒，又有羞怯；我曾经为了能与你并肩，默默努力成长，正是因为遇见你，我才变成了更好的自己。

在时间即圆的世界里，缘有轮转。在缺口雕刻的青春里，其实谁都没有错，都是命定的缘分，来的时候无法躲避，走的时候也无法挽留。

很久以后，柳晓分享了一首关于暗恋的诗，有几句这样写：

我喜欢你是寂静的，仿佛你消失了一样，

你从远处聆听我，而我的声音却无法触及你。

仿佛你的双眼已经飞走，

如同一个吻，封住了你的嘴巴。

我喜欢你是寂静的，仿佛你已经远去。

仿佛你在悲叹，蝴蝶的低语如同鸽子的轻唤。

你从远处听见我，而我的声音接触不到你。

让我在你的沉默中安静无声。

……

* * *

你的人生中，有没有一个被错过的人？

或许是你喜欢他，或许是他喜欢你，又或是最可惜的，两个人彼此都有好感，但因为很多原因，最后还是变成了普通的存在。

有些感情藏着藏着，就不知道去了哪里。

暗恋像跳探戈，你进一步我退一步，我进一步你退一步，想爱又不敢表白，徘徊在安全又失落的试探里。

很多人都会小心翼翼地去掩饰那个小小的秘密，因为害怕那句勇敢说出口的“我喜欢你”，得不到一句“我也喜欢你”。

就像所有的玩笑里多半藏着真心话，那些似有若无的暗示也是我喜欢你的证据。

电视剧《请回答 1988》中有这么一个场景：

一直喜欢德善的金正焕，在一次次的犹豫中错过了最佳的表白时机，当他终于鼓足勇气要向德善表白时，却看到了有说有笑的阿泽和德善。

这时的他才突然明白，最终没能让他们走到一起的不是拦路的红绿灯，也不是所谓的时机，而是自己数不清的犹豫。

在感情的世界里，喜欢一个人的时候总有这种感觉：我很爱你，怕你不知道；但又怕你知道，装作不知道。

世界那么大，一辈子那么长，犯点傻，冒回险，输几次，又有什么可怕的呢？

即便没能在一起，也请相信，它留在你身上的痕迹，也绝对是美好的。

也许谁都成不了踩着七色云彩的盖世英雄，但若真的爱了，还请你爱得奋勇一点儿，别枉费丘比特射中你的一番美意。

5

希望你有上头的爱情，也能体面收场

—

结束时，

“谁输谁赢”是小孩子考虑的事情，

成年人只想“好聚好散”。

你不是失去爱人，

你只是撕去了日历中那几页认真和诚恳，

要有情有义，也要随时离去。

* * *

一位读者给我讲她分手那天的事情。

她在电话这边哭得上气不接下气，话都说不清楚。

对方沉默了半天，突然说："你知道吗，你现在在那边哭成这样，我一点儿感觉都没有。"

她的哭声一下停住了，甚至自动补齐了对方没说出口的那句"甚至觉得有点烦"。

她愣了两秒，说："我知道了。"然后挂了电话，坐在墙角，不知道发呆了多久。后来她起来洗了洗脸，就去工作了，她说有那么一瞬间，好像有一大车水泥灌进心里，并且很快就凝固了。

听完后，我想起好友秋子说过的一句话：失恋也要落落大方。

* * *

秋子，一个认识多年的朋友。

上个月，她从一段即将"修成正果"的感情中脱身，下定决心分手，且迅速恢复状态。

我了解这位货真价实的长情选手，也见过她感情里的软肋，只不过这次实属反常，于是好奇问道："为什么你抽身得这么快，难道你当时不爱他吗？”

她歪着脑袋想了又想：“爱啊，爱到不能再爱了，但也实在爱不下去了。可能因为当时特别认真吧，所以也能心甘情愿地分手。”

秋子是从三四线小城里摸爬滚打出来的“野生摄影师”，创业成立了一间自己的工作室，平时给杂志拍点封面，给明星拍物料或者接点跟拍的零活。（虽说算不上大老板，但她也在圈内小有名气。）秋子不厌烦北京的阴郁雾霾，闲暇时，会去后海随机为路人拍照。

吴先生是秋子的一位普通客人。

他带着自己的英短猫来问：“可以给宠物拍艺术照吗？”

恰巧那天工作室的摄影师都去出外景了，只剩秋子这个老板“看家”。秋子走过去，摸了摸吴先生的英短：“当然可以！”吴先生的英短叫贝壳。贝壳很是配合拍摄，时不时用头蹭秋子。

“3 个工作日后会把照片发到您的邮箱或者微信。”

“那我们加个微信吧，直接发我就行。”

古往今来，才子佳人，无巧不成书。晚上关店前，秋子在休息区捡到了吴先生的身份证。“吴子豪，吴子豪。”秋子念着吴先生的名字。

＊ ＊ ＊

故事的开端，总是充满了浪漫和巧合。

后来，秋子把他们的相遇、相识和一步步确定恋爱关系的过程都写进了手账里。两个人一起去过的地方、听过的情歌、拍过的合影，密密麻麻地构成了两个人的恋爱地图。

“他一点都不像贝壳，懂得柔软讨好，他总是克制的。”秋子这样形容吴先生。

两个人在偌大的北京一起租房，日子虽算不上花团锦簇，但吴先生会在四季陪秋子出来采风，给她当支架、当灯光师、当搬运工。

我去北京出差的时候，被邀请到她家里吃饭。

“我们出去吃吧，在家做有点麻烦。”

“你尝尝我俩的手艺嘛，特特你看，食材在锅里翻滚，咕噜咕噜，冒着热气，整个家变得雾蒙蒙的。原来我们父母那一代人口中的‘日子’就是这样。”

“呦，要走贤妻良母路线？老吴，你以后可得对我们秋子好一点。”

“嘿，一定。”

我看着他们两个在狭小的厨房里，你一言，我一语，我也在想，这世界果然有人在偷偷幸福着，那时候我也以为他们的感情是会“结果”的。

但我和秋子都忘了，时光漫长，美好的东西大多只是一瞬，热锅总有冷的时候。

作为从小就立志成为优秀摄影师的秋子，对北漂创业的执念从未有过丝毫动摇，她梦想去非洲拍动物大迁徙。可吴先生由于父亲早逝，这几年他越来越想回到老家，陪在妈妈身边。他几次旁敲侧击想带秋子一起回四川老家，可秋子每次都是以“不可能”作为回应。

渐渐地，两个人虽然在一个屋檐下，却连周末休息时间都要故意和对方错开。

“我们不是在闹脾气，而是因为一些具体、现实的问题，我们无法逃避，也无法让步。”秋子这样说。

吴先生走的那天，秋子本来说不去送的，检票时又气喘吁吁地追到车站。

“你决定和我一起走了吗？”

“不，我是来跟你道别的。”

“秋子，祝你前途似锦。”

秋子拿出一张两人的照片，塞进吴先生的手里，转身离开。

你怎样打开我，就请怎样关闭我；我们怎样相遇，就怎样结束。

很久以后我们会明白，原来前途似锦的另一个意思是，再也不见。可我们不能因为终要离别而忽略曾经拥有过的、珍贵的瞬间。

二十六七岁往后，好像不再追求那种只问今朝不问来日的感情，而想要更直接、更真实，能够看得到计划和未来的可以称之为“亲密关系”的关系。

* * *

分手大抵有两种。

一种是互相“持刀”，因为太了解对方，所以招招击中要害，消磨爱意，直至爱情血肉模糊。

另一种是针扎式，看似外壳毫无损伤，心态平稳，其实你轻轻一碰，他就痛得夜不能寐。

从嘴上说分开到切身体会到这个人彻底离开了自己的生活，这个过程，秋子最开始也没能适应。

起初，秋子下班就去逛街，在商场一口气买了四季的衣服、六双鞋子；周末约上姐妹，一起探店尝美食；从前的按时健身和饮食搭配也不顾了。

2 个月后，腰腹多出的赘肉和双下巴，像是在嘲笑她失控的人生。

秋子办了去西班牙的签证，临行前突然想起，这是她和吴先生约好的下次旅行，她顿时觉得马德里皇宫失去了魅力。

还有从相框里取下的相片，扔掉他的牙刷和枕巾，鞋柜突然多出来很多空位……那些看似不经意的小事，才能让我们意识到，爱过的那个人已经不在身边的事实。失恋就是这样，倒不至于让一个成年人分崩离析，却会从饱满的肌体里一点一点抽离掉那些跟“他”有关的情愫，有波动是不可避免的。

和喜欢的人分手的时候，你不仅是跟对方分手，也是在跟过去的自己、被爱的自己告别。正因为分手实际上是同自己告别，所以才会那么痛苦。

小说和电影里的爱可以战胜一切，我也相信这世界最强大且持久的力量，就是爱，别无其他。可是在现实里，真正能为爱逆光飞行的人又有几个呢?

爱情真的不是踮踮脚就能如愿的。

对于秋子来说，梦想是她的命。

对于吴先生来说，是时候“踏踏实实”了。

这世界太多爱情高开低走，没有“以后”，一介凡人，能做的不过是在爱的时候火力全开，不要留白；在分开的时候大大方方，好聚好散。

要有情有义，也要随时离去。

* * *

还记得在周杰伦的演唱会上，一个叫“小仙女”的姑娘怼了她的前男友。

点歌环节，小仙女说前男友和他的未婚妻也在现场，点一首《算什么男人》送给他们。她喊话前男友：“虽然他长得丑，眼睛也瞎了，但我还是祝福他。”“镜头拉近一点，让他看看我有多美，他有多瞎！”

三天时间，这姑娘的微博粉丝已经从 1 万涨到近 40 万了。事后的媒体采访也证实了“小仙女”是网络主播兼平面模特。是否炒作尚未定论，评论已经炸了。

说“真性情”者有之，说“太恶毒”者有之。

这让我想起一位朋友在失恋后跟我们吐槽，说：“希望他以后都好这话太假了，我说不出口，我巴不得他穷困潦倒，爱而不得，巴不得他身边桃花无数却无人真心对他。我要他日日夜夜想起我的好，我要他跟我一样痛苦，少一分都不行。”

我想说，分手，并不是世间无真爱，只是你们情分到此。

两个人分开，只要起了报复别人的念头，其实也是在对自己进行二次伤害。

抱着“我难过你也别想好过”的心态，狠狠地跟对方斗得你死我活，可杀敌一千自损八百，从此你心里也会留下一道丑陋的疤。

一个能放弃你、背叛你的人，他没有想过会伤害你吗？没有想过你会恨他吗？他想过，权衡过的。这也就意味着，他根本不在意你的想法和看法。

爱到最后是运气，中间说再见也是常情。总不能因为最后分开，就否认之前的一切。

用尽全力地爱过一个人，也不顾一切地争取过让他爱上自己，不论在那里经历多少伤心或多少耻辱，不论是蠢得很热烈还是聪明得很寂寞。

但凡发生的就是应该发生的，但凡经历的，只要当时甘愿，就是好的。

不要奢望爱情能从一而终。

虽然这样说，但听起来很难过。

年轻的时候，我们对这个世界总是怀有简单而纯粹的愿望。

比如，你是我朋友，你和我玩就不能和我讨厌的人玩；你是我爸妈，就只能想着为我这个孩子付出；你是我恋人，就要一直保持爱情忠贞，不能有半点马虎。

后来发现，真的不是这样的，毕竟人性就是最大的不确定。特别是爱情，不过是饮食男女，一生都在被欲望和执念挟持。

所以，当对方说出“我永远喜欢你”这句话时，是在此番良辰美景、在情绪和欲望的发酵下，这一刻他对你的喜爱程度，让他有勇气说出“我会永远喜欢你”，这跟他十年如一日地喜欢你，是两码事。

不要去期待一成不变的感情。

第一是这件事根本不存在，第二是不变的感情对任何一方而言都是负担。因为事物就是在不断发展的，谁也不知道明天和下个月会发生什么。

与其担心对方会不会一直爱你，还不如让自己具备一直有人爱的底气。

一切都会变，而你随时可以选，才是最好的状态。

他不爱你，你也可以不爱他；他不爱你，你要更加爱自己。

* * *

但凡你动了真心，就会伴随着受伤的风险。

没有在恋爱中失败过几次，没有几次走到山穷水尽也走不下去的感情，人从来都不会真正地了解自己。

木心有句话写得好:“人从悲伤中落落大方走出来，就是艺术家。”

同样，恋爱这门学问，学的从来不仅是依靠本能和激情坠入爱河，还有如何体面地、大方优雅地走出来。你不是失去爱人，你只是撕去了日历中那几页认真和诚恳，而爱人，应当是铺满一生的。

不舍得的最后终究会舍得，放不下的回忆终究会放下。

经历过的，你不能回到过去改变它，你也不需要否定原来的自己。让过去沉淀下来，偶尔回头看一眼，觉得自己没有爱错人，没有白白浪费时间，就很好。

如果说对年轻人的恋爱有什么实打实的建议，以下是我掏心窝子的话：认真对待恋爱这件事，认真开局，认真维持，认真心动，认真心碎，并且认真收拾残局。年轻时有过一些结结实实的失恋经历，不是坏事。

秋子在那张合影照片的背面，写了这样一段话：

希望以后，无论你在哪里听到我的名字，都会嘴角微微上扬地说：这是我以前喜欢过的人。散伙是人间常态，你我又不是什么例外，只是想到没能成为你的偏爱和例外，难免还是会遗憾。我相信，每种分别都有它的意义。祝好。

有人说，所有不能再并肩的恋人，都是当初你在茫茫人海中独独看到的他。

如今，你只需再将他还回人海中，如此而已。

哦，对了，秋子和吴先生互相并不知道：

在吴先生抱着贝壳来之前，店里只拍人物，不拍宠物。

至于身份证，是吴先生故意落在店里的。

6

只要一个女孩的心气在，她的江湖就在

—

很多事情到后面比拼的是“心气”，

发自内心地学会爱自己、相信自己，

渐渐在心底植根上乐观、自信和坦荡。

就像一棵树木，

只要有了深邃根系和挺直主干，

无论余下的日子里怎样骤雨急下，

都能撑过去。

* * *

我读到过这样一段话：我生怕自己并非美玉，故而不敢加以刻苦琢磨，却又半信自己是块美玉，故又不肯庸庸碌碌，与瓦砾为伍。

读者大概是从《这世界很好，但你也不差》开始认识我的。但其实在这本书之前，我已经出版过几部作品，且毫无波澜。

很多女孩二十几岁的时候已经盛放，而我到了三十岁，人生才有了起色。

好像“人生之序”刚刚落笔，才正式进入开篇第一章。

不知道是不是有些晚了？

2013 年 5 月。

我拽着一个轱辘不太利索的棕色格纹行李箱，从当时正在施工的火车站下了车。新烫的头发被风吹得贴在脸上，大概是定型发胶喷多了，头发硬得像钢丝一样。蛋黄色的短袖 T 搭浅蓝色牛仔裤显得很是土气。我心里懊恼，刚刚下火车前没有换上新买的白西服，那可是为了工作特意买的，369 块，对当时的我来说算是斥巨资了。

我租到的第一个房子，在一个快 30 年的老小区。6 楼，北卧，500 块一个月。没有什么环境可言，但那时候的我并不在意这些，下班有个地方可以回，已经很满足了。因为坚持把卡卡接过来，房东涨了 50 块房租，于是房租变成了每月 550 块。

那个时候的我，不敏感也不脆弱，即便连未来在哪儿都不知道，但一点都不怕。世间险恶是吧？太好了，我要碰一碰。

我始终觉得人应该在某些时刻，尤其是那些非常重要的时刻，保持和坚守自己的决定，笃定、镇定，承担因选择带来的风险，且能够接受结果。

千万不要轻易后退，你以为退的是一小步，其实你很难再有心气往前迈进了。后退只会距离自己想要的东西越来越远，距离自己讨厌的样子越来越近。少跟自己讲“算了吧”，多跟自己说“往前走，别回头”。

每一个起心动念，都是改变人生的引信。

* * *

有朋友问：“默默无闻的那些年，想过放弃吗？”

“好像还真的没有。我只是在那时候意识到，生活不是电影，我也少了点好运气，但只要大环境还轰轰烈烈，我总有翻盘的机会。”

“心态崩过吗？”

“生而为人，哪有不崩的？”

放眼看去，卷的人，觉得自己像台机器，每天不停地运转，丝毫无法顾及生活，想不通自己这么拼命到底是为了什么，人生有何意义可言；躺平的人，看着别人都在努力奋斗，自己虽然不卷但却怀疑是不是丧失了向上的机会。

还有第三种，就是时而卷时而躺平的人，那就更无奈了，处于不停地做仰卧起坐中，瞻前不顾后，顾头不顾尾，把破碎的自己重新黏合，来来回回。

拿起手机刷短视频，本意想找几个无脑搞笑视频缓解心情，好家伙，看起来大家都很成功，年轻有为的一抓一大把，不成功的也很幽默很有才华。人人都过得很好，只有自己最惨，无形中又增加了焦虑，然后越想越生气，能不崩吗？

但我后来想明白了，你能崩，说明你还在给自己找出口、想办法。

我很喜欢一个词，叫不破不立。

有些东西摧毁了，才能新生。你害怕改变，那你就必须去改变。你害怕陌生的环境，那你就得想办法适应新环境，你害怕什么，就要去面对什么。

“被忽略过吗？”

“经常被忽略。”

我记得去参加过一次线下的艺术展，类似下午茶的一个小型画展。

在座的每一位，都是被邀请来的。大家礼貌且客气，彼此寒暄且收敛。每个人都快速地介绍自己，你会发现，每当一些人把自己介绍得高大上的时候，大家都会集体发出“哇”的声音，分享者显然也是享受这种集体的羡慕。有些人很低调，分享的时候会放低语气，含蓄地介绍自己，大家就会很自然地忽略。而我，甚至根本没有机会，也没有时间来介绍自己。

不过我明白的，如今人和人之间，再也不像从前那般有耐心去互相了解。

大家都会通过几个标签快速地了解一个人，寻找到对自己有价值的那部分信息。没有价值的，被轻轻“抹去”也是正常。

生活或许不会如我们所期待的那样，它就是会变着花样给我们出难题。而当我们一遍遍去面对它们的时候，好的期待和坏的打算都一并抱着，时刻告诉自己：都会过去的。

真的就都过去了。

高中的时候，觉得考不上理想的大学是天大的事；大学的时候，觉得跟喜欢的人分开是天大的事；后来，觉得事业停滞是天大的事……

所以你看，到目前为止，我们已经从自己以为不会过去的事情中幸存了下来，并且大步往前走。

谁不是在破碎中重建自己？心态崩了不要紧，心气还在就好。

毕竟，很多事情到后面比拼的是“心气”。发自内心地学会爱自己、相信自己，渐渐在心底植根上乐观、自信和坦荡。不为外界无干的事物所烦忧，只是稳稳地把该做的事做下去，让每一处细缝里都填满你用心经过的痕迹。就像一棵树木，只要有了深邃根系和挺直主干，无论余下的日子里怎样骤雨急下，都能撑过去。

* * *

所谓好好生活，学会坚强、学会长大，不是说说而已的。

不管你现在是一个人走在异乡的街道上始终没有找到一丝归属感，还是你在跟朋友们一起吃饭开心地笑着的时候闪过一丝落寞。

不管你现在是在努力去实现梦想却没能拉近与梦想的距离，还是你已经慢慢地找不到自己的梦想了，都要告诉自己：当你遭遇不公和人生小波折的时候，或许，正是上苍给你的长假，此时就不妨好好地享受这个突如其来的意外，忍住有理说不出的委屈和接受不公，扛住一切难熬的事情和艰难。

这个世上没有什么是两全其美的，也没有成功人士鼓吹的生活和工作的平衡，人生就是取舍。

取一条路，舍一条路。要么熬，要么忍。

那些一直努力却无人问津的日子，人们管它叫扎根。

在这个过程中，你或许会难过，或许会歇斯底里，但只要你熬过去，就都会慢慢好起来。很多年后，当你回忆过去，很多人和事你都会忘记，唯一能证明你存在过的，只有你用力走过的路。

起落不定的人生之中，巅峰未必谁都拥有，但低潮人人都蹚过。正是这些经历证明了你的成长，证明你所有的颠沛流离是为了破茧成蝶，证明你的力气和青春没有白费。

每当有小女孩留言问我关于成长的问题，比如“感觉自己十分的努力都赶不上别人用力一分，沮丧”“我同学毕业后都发展得很好，我很自卑”，又或者“根本看不到未来”时，我其实想说，大部分的人都不是踩着红地毯长大的，你所能感知的一切失落，都是成长为每个人准备的。

不希望你停下来，躺在泥泞里什么都不做，你应该爬起来，一步步往前走，哪怕一路趔趄。

我相信，人是可以通过自己的意愿与努力过上想要的一生的。要去期待，去相信，然后一直去做，直至抵达。

成年人最好的状态是努力趋于知行合一。少内耗，也不必把时间浪费在与气场不合的事物的消磨上，没有对错，也无须自证什么，只是往着自己觉得正确的方向一路狂奔。

生命中任何的惊喜、幸运、收获，无一不是源自日复一日的努力耕耘。

纵使成功的姿态千万，努力和坚持必定是最土也最有用的先决条件。

太多的努力和坚持可能看似会被浪费，但就像你忽然间明白的一些道理，其实都是有着伏笔的。

* * *

如果你问我，对生活是否有失望的时候？

时常有，但基本都会一笑而过，有时笑不出来，我也会哭，但我决不允许自己哭太久，损耗太长时间。

想要做成一件什么样的事，或者得到一个什么样的人，你要做的不是各种犹豫、纠结，而是静下心来，踏踏实实，一步一个脚印地直接推进度。然后在这个过程中，不要放大自己的感受，更不要给一些东西附加太多没有必要的意义和焦虑。

因为这部分情绪，纯粹就是自己吓自己，也就是妥妥的内耗。

大多数人并不知道自己想要什么，却非常不现实地想要“梦想成真”。

人生中的很多拧巴都是来自不知道自己想要什么，而一旦看到别人拥有，也不管是不是真的跟自己适配，就格外艳羡心伤。

就像一个小孩子手上有自己的玩具，但是每次看见别的小朋友拿着其他玩具跑过来，就哭哭闹闹想要一个同款。

我也曾有很长一段时间怀疑自己的能力范围、能量极限在哪里，因此焦虑失眠。现在已经不再怀疑了，并不是躺平，也不是向生活全面投降。

因为我发现，和别人比较带来的只是情绪产物。要么自大，要么自卑，这两点都没什么积极意义。而且总是跟别人比较是件非常内耗的事，不仅会击败自己的信心，还会感到深深的迷茫和焦虑。

很多人深信“出名要趁早”，渴望一夜成名、一夜暴富。

我相信运气，但是我更相信天道酬勤跟厚积薄发的运气。

只跟自己比就好了，今天比昨天更快乐，今天比昨天更充实，今天比昨天更爱自己一点。

哪怕我依旧是所有人中最普通的那一个，但对于我自己而言，每天前进一小步，那就已经更加接近更好的自己了。

毕竟每个年龄段都有每个年龄段的压力。

无人问津也好，技不如人也罢，慢慢来，不要太着急，千万别让比较带来的焦虑毁掉你原本的热情和定力。

不必期待自己花的每一分力气都一定要被看见和肯定，但请你相信，每一件都不白做。

* * *

如今，我时常跟自己说：

你父母健康开明，事业稳步上升，有房有车有狗狗，无病无灾无贷款，没有为生活焦虑，没有为金钱发愁，有事业，有朋友，有书看，有剧追，有美食，有喜欢的东西可以买。你不做坏事，你真诚善良，这已经是中等偏上的人生答卷了。

可是怎么办？我这个人呀，不太知足，永远不听“女孩子差不多就行了”这种话。

怎么形容现阶段的状态呢？大概就是“轻舟已过万重山”。

但那只小船，又有了新的愿望和目标。我想继续写下去，写女性成长，写小城市女孩是如何蜕变的，带着一种热情和好奇心。

我想告诉万千女孩，独立和不怕失去是我们最好的底牌。

哪怕生活会磨掉我们一部分勇气和温柔，但我们还年轻，失去的东西还会长出来，而新的那部分会更加闪亮。

我们只有一张这个世界的体验券，要尽兴地活，多为自己“充值”和制造快乐。面对挑战，别掉头就跑，熬过痛苦，学会爱自己而后爱世界，用自己喜欢的方式过一生。

敢和生活顶撞，敢在逆境里撒野，一直走在开满鲜花的路上。

至于你要是问我读书和写作有什么好处？

那大概就是它们让我不断地与自己的阴暗、狭隘、自私过招，让我对喜欢的东西依旧喜欢，但可以不拥有，对害怕的事情依旧害怕，但已经敢于直面。

和这世界交手多年，我依旧兴致盎然。与钱无关，不过是梦想不死，还想继续扑腾。

愿所有女孩的心气，不曾因外力熄灭过。

* * *

夏天的时候，和老爸饭后遛弯，聊起我已经工作十年。

“当初你从家走的时候，说是出去实习，不行再回来，其实老爸知道，你不会回来了。”

“为什么？”

“瘦瘦小小的你，扛着那么重的行李箱，车开时，你连头都没有回。”

“哈哈，我都忘了。”

“那天老爸一直看着火车开远，回去的路上，我跟你妈说，她不会回来了。”

时间就那么“嗖”地一下，从我身边闪过。

这十年我笨拙地周旋在人情世故间，应付着周遭的虚伪和不友好，意识到功利的可爱、情意的浅薄，见识了人心的美好与深邃。

我很少提起那些年，就是不太想提起，提起来也觉得没什么话好说。说那几年我一个人很不容易？说出租房的条件很差？说偶尔也会一个人躲起来流眼泪？

算了，没人爱听，我也不爱说，仿佛说什么都会觉得太浅了、太轻了。

时间的流逝总让人心生感叹，哪怕你并未虚度光阴，很好地利用了时间，但回头望也会觉得难过。

难过什么呢？我也说不清。走过的时间就像被命运封存一样，那条路没办法再走一次。

人和事、我的心境、我的灵感、我的心酸、我的难处，都像被包装好的礼物，无论如何都拆不开第二次。

但还好，我并不想重新来过。

* * *

“姐姐，怎么才能成为像你一样的人？”

我看着这条私信，愣了很久。

二十几岁的时候，不知道自己想要什么很正常。社会永远在规训女性，如果你走与别人相同的路，宇宙就没办法在人群中识别到你，那它怎么给你惊喜？

要知道，女生除了漂亮，还要有很多形容词：充满好奇的、勇敢冒险的、野心勃勃的、不困于成见的……每个女孩都可以有一条自己的路。

年轻的女孩子啊，除了你自己，不要想着成为任何人，也不必听从任何建议，包括我说的。我从来不是什么成功模板，甚至有些平庸。

人生没有一纸蓝图或者标准公式，做你自己，就是最好的答案。

写到这儿，我似乎可以回答开篇问自己的那个问题了。

很多女孩二十几岁的时候已经盛放，而我到了三十岁，人生才有了起色。不知道是不是有些晚了？

并不是。任何人都无法保持一直年轻，少女感是注定会流失的东西。女性身上应该拥有自己独特的品格，比如力量、智慧、友善、宽和、敏捷。

女性的成长应该不止一面，永远都要向前一步，更大胆地去探索自己应该拥有什么，更积极地去实现自己想要的生活。

我确实没有昨日那般年轻，但我比昨日更懂得思考；我无法再像从前那般无所畏惧，但我比从前更看得清方向。

我有自己的人生剧本，我没有比任何人晚。

二十几岁的时候，我想成为很多人；三十岁之后，我只想成为我自己。

* * *

读过一段很喜欢的话，分享给你们：

祝你心里有一片永不干涸的海，祝你心里烛火不熄，永远像等风的声音一样，为每一次花开、每一次丰盈、每一个深刻的瞬间而心动。

祝你即使失望也能保持澄澈与温度，即使痛苦也能倾听自己内心的声音，永远爱着从至暗荒芜里生出来的喜悦，永远有从生活的纷繁中短暂逃离的出口。

祝你坠落也能清醒，破碎也能重塑；祝你未来能真正地开心快乐。海水永远在涨潮，你心里有一片永不干涸的海。

希望你也能找到自己的那片海。

7

世界破破烂烂，小狗缝缝补补

—

老天不让小狗说话，

是为了让人类知道，

爱和忠诚，要用行动来表达。

* * *

大家好，我是奥斯卡，叔叔姨姨们可以叫我卡卡。

我在妈妈之前的作品里，悄咪咪地出现过很多次，但妈妈还是说，要有自我介绍，才是有礼貌的孩子。

2012 年 7 月 26 号，妈妈路过江滨公园宠物店，在玻璃窗外看了我很久后进屋询问。开宠物店的情侣好心地提醒她：“这只泰迪一个半月，不纯。”

我在笼子里歪头看着他们，原来人类喜欢混血儿，不怎么喜欢混血狗。混血儿聪明漂亮，混血狗却卖不上价钱。

我在宠物店里每天都在观察，来这里的客人，多多少少都要挑品相。

哈士奇要“三把火”的，边牧的丁香色比熊猫色更洋气，斗牛要看头骨围度……甚至狗子身上多了一小撮白毛，他们都无法接受，更别提我了。

我的毛卷度很差，细软，长大了不方便造型；嘴巴比其他泰迪要尖，不是苹果脸；耳朵过大，跑起来呼扇呼扇的；白色眼球露出太多，不够萌……好了好了，反正他们说我是一只“失格”狗。

失格的意思就是，失去了纯种狗的资格。被定性成失格狗的我，大概只能半送半卖才能找到主人。

当时我看到妈妈，她一头微卷的长发，身穿牛仔连衣裙。我想，她不会选我的，她应该拥有一只特别漂亮的狗狗。

“你的大耳朵好帅啊！”这是妈妈跟我说的第一句话。她摸了摸我的黑鼻头，又说：“就它了，纯不纯种没关系。”

那天下午的阳光真好啊！

妈妈从宠物店出来，抱着我，拎着给我买的狗粮和饭盆，我使劲甩了甩头，耳朵“啪啪”地拍在妈妈的胳膊上，她笑得很开心，我也很开心，我第一次觉得自己的大耳朵真有用，能逗妈妈开心。

不管这世界多苛刻，总有人偏爱你。

后来的日子里，我每天都想再听一次妈妈从一堆小狗里选中我的故事，因为那天，我遇到了心软的神。

1 岁前，我都是生活在大学校园里。

妈妈把我养在宿舍，每周查寝那天，她和另外三个漂亮阿姨就要把我藏进鞋柜里、花盆里、窗帘后面，因为我和电磁炉、卷发棒一样，都是违禁品。

有课的时候，妈妈会把我装进帆布包里带进教室。哲思课太难了，我呼呼大睡；新闻学太难了，我呼呼大睡；现当代文学还是太难，我继续呼呼大睡。

没有课的时候，妈妈会带我在学校里转悠，我会和体育生一起在操场上跑步，会在排球场上追他们掉落的球。妈妈每次去水房打水，都会绕一小段路去买麻辣烫带回寝室。她爱吃，我不爱吃。

所以，后来当隔壁金毛问我从哪里来的时候，我仰着头大声地告诉他：“高！等！学！府！”

妈妈大学毕业了，她说她不想留在家乡，但她要把我留在姥姥家。

那是我第一次嗅到妈妈身上不一样的气味，他们说那是焦虑和悲伤的气味。

姥姥会给我包无盐版的牛肉蒸饺，给我缝很多小玩具。姥爷每天下班带我去广场散步，说他单位有很多条警犬，高大威猛，不知道这老头是不是在吹牛。

偶尔我会在家听到我妈的声音，可我来来回回找也找不到。姥姥拿着一个方块的东西对着我，说：“你看，我们把卡卡养得可好了。”

家乡是很好，有吃有喝，平静安逸。我每天下午都会趴在窗台上发呆。

姥姥问我：“是想你妈了，还是在想罐头？”

“汪……汪……”

事情总有反转，几个月后，妈妈回来说房租加了价钱，房东同意她养狗，她要把我带在身边。我就知道，这女人舍不得我！毕竟她再也找不到比我耳朵还大的泰迪了！

我不知道什么叫未来，它长什么样子，好不好吃。我只知道，我又能和我妈生活在一起了。

那一年，我 1 岁，妈妈 23 岁。

* * *

在无数次被问“这狗是不是怀孕了”，在无数次我妈尴尬又礼貌地笑着回“我们是男孩”后，妈决定和我一起减肥。

“妈，我不想减肥。”

“不，你想。”

我的狗粮被换成低脂粮，而我妈，早上鸡蛋和牛奶，中午黄瓜和番茄，晚上则是“您的八个外卖骑手已接单”。

节食减肥失败后，我妈说饿肚子这件事是反人类的，需要换成运动减肥。我们从清晨走到夜晚，路过冷气开放的商场就钻进去休息，于是一整天，我和我妈基本都在休息，运动减肥也失败了。

当妈妈再一次看着一盆绿叶菜发呆、叹气、夹起又放下，不肯塞进嘴里时，“妈，你不是写‘人要有火热的灵魂，至于皮囊，随自己开心就好’吗？”

“卡卡，你是妈妈的好儿子！别说了，走，陪我下楼撸串。”

“妈，给我烤串油边！”

“你不能吃。”

“汪！”

夜跑好，还是晨跑好？

主要看你想吃烧烤，还是豆腐脑！

* * *

这个连鸡蛋都不会炒的女人，最近买了蒸锅和食物烘干机，因为她听说自家蒸的蔬菜窝窝头和肉干更健康。

这几年，随着妈收入的增加，我的狗粮也越买越贵，从国产到进口，从湿粮到软粮。可她却自责地说，觉得自己没有好好养我。

妈妈的朋友来到家里，妈妈会向朋友说起对我的愧疚之情。

“有时候觉得对不起卡卡，每天下班很晚才带它下楼放风，其他小狗都已经玩完回家了，卡卡都没有交到朋友。”

“你是一点不提自己每天打工搬砖，又累又困，压力大，还要坚持不管多晚都要带卡卡下楼玩一会儿。你已经做得很好了，没几个你这样的主人。”

“它是我儿子。”

“你是真喜欢小狗。”

“我是喜欢卡卡。”

原来，人类的爱是尽力而为，仍觉亏欠。

* * *

“妈，我好久没看到樱桃妈带着樱桃出来玩了。”

“卡卡，樱桃回汪星了。”

“汪星在哪儿？”

“听说在彩虹桥的另一端，阳光明媚，有大片大片的草坪。狗狗离开家后，会回到那里。那里没有病痛、饥饿和寒冷，每一只小狗都生活得很幸福。”

“妈，我也会去吗？”

“嗯。”

“那我什么时候再回来呢？”

“你等着妈去接你。”

同年冬天，我开始时不时咳嗽，每次下楼跑一会儿就喘得厉害。

妈妈带我去了白衣人那里，他们把我放在机器上翻来覆去地检查，还拿针扎我，才把我还给我妈。我和妈妈在长椅上并排坐着，她摸摸我的头，说："没事的。"

白衣人说我心脏肥大伴随心肌炎，压迫上呼吸道气管，肾功能退化，眼球晶状体浑浊……我想起很久以前，人们说我嘴巴太长，眼睛不够大，毛发不亮，体形过大……

以前我是一只不太好看的健康狗，现在既不好看，也不健康了。

也是下午，和很多年前一样。

妈妈从宠物医院出来，抱着我，拎着一袋子瓶瓶罐罐，白衣人说那些是我每天要吃的药。我使劲甩了甩头，耳朵"啪啪"地拍在妈妈的胳膊上，她笑笑，低头看我："卡，以后你的身价每个月都要稳定增长600元喽。"

这一年，我10岁，妈妈33岁。

* * *

从遛狗牵绳到狗证普及，从导盲犬被拒上车，到生病猫狗被遗弃……宠物问题一次次被搬上热搜，可每一次最后都不了了之。

我妈妈说，或许没养过宠物的人不懂，能选择托运带走宠物，这个行为本身就说明了主人对宠物的不舍和重视。是家人啊，是舍不得才会选择带走，尽管异地托运手续烦琐、费用高昂，但是没关系，对于主人来说真的都没关系。

我也给妈妈添过很多麻烦。

当年我妈坚持把我带到沈阳，在托运前，司机临时加价，之后因为外地户口办狗证被拒，又因品种不纯被剪毛师阴阳怪气。后来妈妈买了房子，落了户口，办了狗证，我妈终于敢带我去广场撒欢了，可还是没消停。

因为我，妈妈跟遛孩子的老奶奶吵过，跟卖过期狗粮的店家吵过，跟不牵绳的主人吵过，跟拿扫帚驱赶我的保洁大爷吵过。

别看我妈读过那么多书，写过那么多字，一到跟人吵架就词穷，气得直跺脚，半天憋不出一个字，急得我只能亲自上场。但每次我妈都死死抱住我，捏住我的嘴。

“妈，你撒开我，我好好跟他理论。”

“我是怕你误伤人家，我还得赔钱。”

后来我发现，即便是我妈及时铲屎、出门牵绳、坐电梯抱着我、错峰遛我，我和妈妈也极少能被友善平和地对待。

我知道，有的人类视我们为物品、累赘、垃圾，认为我们打扰了他们的生活；还有一部分人类，认为我们是家人、孩子、宝贝，愿意花时间和金钱来陪伴我们。

希望喜欢我或者讨厌我的叔叔姨姨们，不要互相为难，真的。

* * *

我妈说，这个世界有的爱转瞬即逝，有的爱浮于表面，有的爱充满条件，可小狗的爱永远单纯、热烈且真诚。老天不让小狗说话，是为了让人类知道，爱和忠诚，要用行动来表达。

其实我也不是完全单纯，我想要更多的苹果干和鸭肉干。

人们都说我只能活十几年，那算一算，其实我已经走过大半。

对于我的“狗生”来说，妈妈是最重要的，比我的橡胶球重要，比我的豪华狗窝重要，比一切小肉干都重要。

我有自己的世界：卧室到客厅，厨房到门口，还有小区旁边的公园。

我也有自己的工作：我要早上7点叫妈妈起床；在她敲字的时候，给她做脚垫；在她半夜去卫生间的时候，蹲在她的脚边；在她买新衣服回来的时候，使劲夸她；在她胃疼的时候，窝在被窝里为她持续供暖；下午6点蹲在门口等她下班；在出门碰上大狗的时候，第一时间冲到她身前，哪怕我还没有大狗的膝盖骨高，但我有股“要狗一只，要命一条”的劲儿，仰头、瞪眼、呜呜吼，没办法，女人就是需要保护。

人类用尽辞藻描绘真心，但我只有毛茸茸的脑袋和湿乎乎的鼻头。

* * *

我妈经常给我拍照片，我睡觉要拍，我和院里的雪纳瑞打架要拍，我在草坪上打滚要拍。每年生日她都会带我去拍狗狗写真，她说要用瞬间记录永恒。

你们知道的，女文青就是爱搞这些。

我没有相机，但我只要眨一下眼，就会自动拍下妈妈的样子，并且录入我的大脑系统。

这些是我的财产，我会好好保管。

以后，妈妈会完成梦想，会去更远的地方看世界，会有很多需要她操心的事。

我不理解这个世界，也不懂人类的规则，我只知道，我是一只有妈妈的小狗，我要在她的生命中穿行、奔跑、欢呼或者静静地看着她。

我们无法预知一个片刻的价值，直到片刻变成回忆。

至于我为什么叫奥斯卡，妈妈说带我回来那天晚上，她梦到自己去奥斯卡颁奖礼领奖，我在台下一直狂吠，像是在为她庆祝。

这个梦一点也不靠谱，我妈妈这辈子大概跟奥斯卡奖项无缘了，还是祝她早日获得诺贝尔文学奖吧，嘿！

不过我妈最近要给我改名字，不知道她在哪儿听说，如果小狗被冠以主人的姓氏，下辈子就不会当动物了。

所以，我妈要叫我——万有财。

8

逝去的亲人躲在云里，雨落时来人间看你

—

亲爱的姥姥，

当我想你时，

我会抬头看看天上。

如果你也想我，

就来我的梦里逛逛。

我不害怕。

* * *

又是一年中元节。

哥哥去祭奠姥姥姥爷，发来照片。墓碑前摆着鲜花、水果、面食和白酒。

活着的时候，姥姥和姥爷三天两头拌嘴吵架，后来甚至要分开住。现在倒好，两个人的名字整整齐齐地靠在一起。

他们已经从我的生活里退场很多年了。忙着赶路的间隙，我也会对着照片，跟他们说说自己生活里发生的事，以及我的改变和成绩，语气平静、心态平和。

我以为对于他们的离世，我早已释然了。可当我翻找换季的鞋靴，掉出几副姥姥生前给我做的花鞋垫；当我整理抽屉，看到姥姥姥爷的手表，斑驳、老旧；当我深夜写稿，偶然瞥了一眼笔筒，15岁那年姥爷送的钢笔居然还发着暗暗的光泽……我还是忍不住心里一紧，原来，怀念也会带着隐隐的痛。

亲人的离开，不是转瞬即逝的狂风骤雨，而是一场漫长的潮湿。

* * *

我们从小对于死亡和告别的教育是缺失的，至少我自己是这样。

死亡这两个字，人们在提到它的时候，总要用其他词汇代替：走了，去了。

原本并不想把亲人离世写给大家看，但是又觉得对亲人的念想和对死亡的思考，或许对大家来说，也是很有意义的事情。

我曾声泪俱下地写下过童年和姥爷的点点滴滴，怕老太太吃醋，这一次，补给姥姥。

姥姥的一生很普通，三儿三女，她是那个年代再普通不过的女性。姥爷算不上顾家，用妈妈的话说："没有你姥，我们兄弟姐妹几个活着都难。"

从我有记忆起，姥姥就是老太太的模样：微微驼着的背，要经常染的头发，戴着一块浪琴钢带手表，坐在床边卷烟，那烟又辣又呛。

我小时候想要一个洋娃娃，穿着花边裙，会眨眼睛的那种，100块钱。那时候家里条件不好，爸妈一直没给我买。姥姥知道后，用棉花和我旧的演出服，给我做了一个布娃娃，巨丑。

"目前家里只能给你这个。"姥姥拿着做了两天的布娃娃，跟我说。

"好。"

这个布娃娃睡在我的被窝里，陪伴了我整个童年。

如今，我已经拥有了很多漂亮的娃娃，进口的、限量的、联名的、迪士尼的，可是姥姥做的这个丑娃娃，仍然在我家拥有一席之地且多用百搭：可能在沙发当靠枕，可能在床头垫脖子，可能被卡卡枕着当枕头，我在阳台发发呆的时候，也要习惯性地把它搂在怀里。

人就是要不断地面对求而不得。

小时候是一个洋娃娃，是一个玩具，长大以后可能是一份不合心意的工作，是日渐远去的爱情，是梦想被现实不断击碎的声音。

亲爱的姥姥啊，二十几年后的今天，我才猛然发现，接受现实的第一课，原来是你给我上的。

接受家里的不富裕，面对现实，珍惜拥有。

* * *

生活常常提醒我，姥姥老了。

先是她的味道。大概在我读高中时，姥姥的身上有了老人味。那是一种药、烟和衣服混合的味道。然后是她的嘴巴，我发现她牙齿都掉光了，只能囫囵吞下饭菜。姥姥得了肺癌，经常咳嗽，咳出微微的血迹。

看着衰老和疾病在她身上留下的诸多抹不去的痕迹，我无力地意识到，姥姥像桌上摆放着的软掉的苹果那样，开始缓慢地腐烂了。

姥姥在寒冷的冬天离开，雪花簌簌。

我和我妹各自接到电话，说姥姥已经不在了。她坐高铁，我赶去机场。我没去问过那天她的心情，但我想，偷偷转过头，沉默地对着车窗流下眼泪的那种时刻，那天，她和我都有过。

瘦弱的姥姥像睡着了一样躺在那里，我伸手去牵她的手，冰凉僵硬。屋内的小声抽泣，屋外的大声号哭，身边是来来往往的亲朋，家里比平时还要热闹一些 。

可不知为什么，那一刻，我忽然觉得姥姥很寂寞。

原来，老和病，都是对死亡的预习，而死亡是寂寞的。

* * *

重读《我们仨》，杨绛回忆并写下了两段亲人离世的经历。

1997 年 3 月，杨绛的爱女钱媛因病住进医院。

在女儿去世前一天，杨绛像是有心灵感应般，提前有预知。当时她走在路上，低声说了一句话：“圆圆，阿圆，你走好，带着爸爸妈妈的祝福回去。”

1998 年 12 月，钱锺书也因病住院。

在丈夫临终前，杨绛强忍内心的悲痛，从容地附在他耳旁，对他说了一句话："你倦了，闭上眼，睡吧。"

后来，钱锺鲁先生曾去看望杨绛，本想劝慰，没想到见面时，她一点眼泪都没有，一切如常。此后，杨绛一头扎进书堆，每日笔耕不辍，花了 13 年时间，整理出钱锺书的所有学术遗稿。

在忙碌且充实的生活中，她渐渐抚平了内心的悲痛，在 105 岁时安然离世。

"草木本无意，荣枯自有时。"

人何其脆弱，一次病毒的入侵，一次微小的走神，一次毫无征兆的意外，都会让生命消逝。

最近两年看书、看电影，忽然意识到，大多数文学影视作品里都包含着"死亡"这一主题。大家都试图在这些作品中寻找和死亡和解的方法。

唯有知道生命无常，才能珍惜和善待每一个日常。

* * *

关于死亡，我听过一个浪漫的解释：

他只是跳出了时间，变成宇宙里最原始的分子和原子，重新构建成你身边的其他事物。以后为你遮风挡雨的大树是他，为你抵挡严寒的毛衣是他，当你疲惫时看着桌头的挂件是他，你散步时迎面吹来的晚风还是他。他以你亲人的身份消失了，但他却散落四周，无处不在。

有时候我觉得，亲人的离开就像是你去上学，他去赶集；你在家吃饭，他去地里干活。等到你去地里找他的时候，他又恰巧回到了家里。

其实他从未离开，只是你今生的每一个瞬间都会与他擦肩而过。

最难过的，不是他离开的那个当下，而是日后你思念他的每一刻，是生活里的点点滴滴。

是你在路上看到熟悉的发型、相似的眉眼、同样弯曲的驼背；是你去派出所帮他销户；是家里面有他味道的床铺；是不必再每天都拿出来用的血糖仪；是没有忙碌身影的厨房；是没人能做出同样味道的炖鲫鱼；是形状相似的饺子。

亲爱的姥姥，当我想你时，我会抬头看看天上。如果你也想我，就来我的梦里逛逛。我不害怕。

因为我相信，天上人间，爱永远都在。

9

回家考公还是远走他乡，你选哪个

—

考上公务员不是终点，

结婚生子不是尘埃落定。

一个人的内心要有所支撑，才算真的安稳。

没有任何一种人生可以高枕无忧，

最后的生活，还得自己去过。

* * *

我们这代人，毕业后基本两条路：回家考公和远走他乡。

大竹是我们班的班花，170cm的身高，大眼睛配上毛茸茸的长睫毛，上学的时候我们都觉得，以后她是要去大城市的那种女孩。

可事实是，毕业后，大竹在家复习考公，一年后如愿以偿考上了税务局。从此，她成为大人们饭桌上热衷讨论的“别人家孩子”。

同学聚会上 。

“大竹，上学的时候我总觉得你以后是要当明星的。”

“对对对，就是电影里的那种女主角。”

“不过我们小城市压力小，安逸舒适，也很好。”

大家七嘴八舌，她只是笑笑不说话。

后来我才知道，毕业的时候，大竹给了自己三个选择：考研、考公务员和北漂。偏偏大竹的妈妈因为乳腺癌在那时候去世了，大竹才决定留在家乡，陪在爸爸身边。

她说：“命运帮我做了选择，也没什么不好。”

一般来说，这种“别人家孩子”只是讨喜长辈，可偏偏大竹也俘虏了一众同龄人发自内心的认可。她原是平辈中的佼佼者，这么说，倒不是指她傲人的成绩、肯下功夫的骨气，而是她对于人生的多角度规划总是能够令人觉得惊奇。

大家对公务员的印象，多半是刻板的、会读书的呆子，但大竹显然不是这一类型，她聪慧、灵活，不是“一根筋”。

考上公务员之后，大竹做的第一件事是去报了插花课，有一间自己的花店，是她从小就有的愿望。在她看来，考上公务员不过是个开始，她不想浑噩度日，不想过那种每天都在复制粘贴前一天的生活。她说如果那样，她仿佛看到了几十年后空洞、衰老、褶皱、即将退休的自己，就像岁月流水线上批量生产出的人形木偶。

大竹，不愿做“人偶”。

她做出了一种选择，却没有只过一种生活。

除了工作需要，她还抽出了更多时间去滋养兴趣爱好。插花只是其中一个。她说：“因为不知道未来究竟会怎样，所以时刻提醒自己不能掉以轻心。”

时代正在迅猛发展，铁饭碗的概念已经越来越弱化。进到体制内，并不意味着一生安稳，清清闲闲地过一生。它有自己的麻烦，也有自己的危机。

当哪天政策来一次大洗牌，时代来一次大换血，你能否在风起云涌中屹立不倒？如果不能，请开始反思：离开体制，抛开平台，自己还能剩下多少价值？

这或许是每个年轻人都应思考的问题。端起“铁饭碗”没什么大不了，能够依靠自身打造出一个不可替代的“碗”来，才踏实。

真正的安稳，是来自一个人可以自我负责的能力。

* * *

去年我在线上写作课堂认识了一位做自媒体的姑娘，去北京的时候我们在一起聊做平台的事。

我们聊到很晚，在回酒店的路上，我说：“其实除了写文，我还有别的事想做。”

“比如呢？”

“我想开一个小红书账号，分享我的读书心得和生活好物。朋友在杭州认识几个比较靠谱的厂家，她想和我一起做少女品牌的服饰。”

“听起来挺不错的，那就去试试啊。”

“可是我对新领域完全不懂，怕做不好，而且我年纪也不小了。”

“你回去好好休息，明天我带你去个地方。”她说完朝我眨了眨眼。

第二天，这姑娘带我去看了场演奏会。

其间，她指了指台上拉小提琴的人：“你看她，那是我闺密。她毕业后就进了国企工作，整天坐在办公室，好像一眼能看见30年后的生活。”

“后来呢？”

“后来她辞了职，因为这事和父母吵了几次。离开家后她去了维也纳，去学习小提琴，基础学习加进修，一学就是五年。她说她小时候的梦想就是穿着长裙，优雅地站在台上拉小提琴。她害怕自己在整日重复的无聊工作中慢慢老去。”

“那她蛮成功的。”

“因为她没把自己困在原本的框里。她今年30岁了，这几年家里催婚催得紧，身边的朋友、同学的喜酒喝了一拨又一拨，可她不急，她说自己要去追寻自己想要的生活，其他的命运自然会给她安排好。”

演奏结束，乐团在台上谢幕。

那位拉小提琴的姑娘眼睛里好似闪着光，完全没有大多数30岁女人的疲态。

留在家乡还是去远方，我们每个人都经历过那个阶段。网络上，人们正在大肆讨论要不要逃离北上广，或者出国留学是否孤独难耐。

实际上，那些目标明确且不可动摇的人根本没时间理会这些讨论，也顾及不上那些挣扎、矛盾和痛苦，因为他们不会逃避自己内心的声音，不会放弃想要追寻的人生。

直到今日，我依然会对那些背起单薄行囊，在外闯荡的女孩有着无来由的好感和钦佩。

在这些女孩身上，我仿佛看到了很多年前的那个清澈莽撞、憋着一股劲儿的自己。

别拿年纪给自己设限，衡量人生好坏的标准从来都不应该是你是否在某个年龄做没做某件事，而是你是否实现了自我，是否过上了自己期许的生活。

* * *

前阵子我用 1.5 倍速重刷了《北京女子图鉴》。

它那么赤裸又真实。

陈可是个四川姑娘，不安于在老家做着月薪 2000 元的工作、被亲戚安排各种相亲，于是带着行李独闯北京。她的身上，带着所有独自漂泊在大城市的姑娘们的一身热血。

我们从小县城、小城市独自走向北京、上海、广州、深圳等大城市，剥掉土气、胆怯和带着地方口音的普通话，踩着有些许磨脚的高跟鞋，丢掉脆弱、恐惧和不太能拿得出手的个人简历，一股脑儿地走向地铁 2 号线，走向蜂巢般的写字楼。

大城市的经历，其实就是一场高浓度且热烈的体验。

丰富的资源、便捷的服务、高密度的信息，无论是观念、每个人的独特性还是生活消费方式，都颠覆你过去十几二十年的“我以为”：

网络上高赞的美术馆或许就在你家附近，然后步行就可以到码头看中环夜景；原来图书馆不都是由冰冷的大理石组成，也可以是带院子的小洋楼，在藤椅上翻几页书，缅栀子从树上落到你的裙边；你只需要开车半小时就能到达体育馆，去演唱会现场看你从十几岁就喜欢的歌手；喜欢的作者开新书发布会，你排队等他的签名，和他握手，说“我梦想成为像您一样的人”；原来街上随处可见穿洛丽塔和JK制服的女孩；原来梳脏辫唱说唱也是一种才华。

这是大城市的好处，信息四通八达，一切皆有可能。

这也是大城市永恒的魅力：纵使生活成本高昂，但远离了小城市的那种平淡重复的生活与盘根错节的关系网，让人清爽而相对公平地靠实力说话。

当然，每个人心中对于“大城市”的定义不同，有的人觉得只有北上广深超一线城市才算大都市，也有的人觉得普通省会城市相比自己故乡的小镇已经很大。

标尺不同，这里不做定义。我所指的大城市就是比你长期生活的城市更进步、更“一线”，需要你踮起脚尖甚至跳起来才能够到的地方，每个人心里都有自己的答案。

并不是说生活在小城市就会落后或者成为井底之蛙，而大城市里的生活就更优质高级，它们都是平凡生活众多选择中的一种。

我的意思是说，如果有机会在更大的城市生活过，你可以更立体、更多维地理解社会金字塔的形状——社会的阶层、资本的流动、地域文化的差异、人与人之间不同的原因。

读《平凡的世界》，看到孙少平的选择时，我是理解的。虽然他没有高学历，没有什么关系和背景，但还是尽自己所能，想改变自己的命运，走出一条属于他自己的路。

有人在网上问，说感觉孙少平也没混出个名堂，努力了半天，最后还是个挖煤的，那奋斗的意义何在？事实上，放在生活中，能混出名堂的人，如鱼跃龙门，少之又少。

但这并不妨碍少年的热血，有没有去做和有没有成，其实是两码事。你去闯了，没成功，最起码尝试过，不后悔。你心里有念想但没敢去，之后一直会背着遗憾。

* * *

你呢？

此刻的你是留守在家乡享受安稳，还是决定留在一线城市为自己的梦想努力奋斗？

以前我可能会说，什么现世安稳、岁月静好，跟 20 岁的你没关系。你要趁早行动，早日掀起自己的风浪来。

但现在，我不会这样了。我只会跟你说，跟着心走就好了，哪有什么绝对的对与错。

这个世界除了朝九晚五，还有很多人加班到深夜，没有双休，没有热好的粥，没有灯火通明的家。在家的人羡慕外面的花花世界，在外面的人午夜失眠也会想家。

故乡安置不来肉身，他乡安抚不了灵魂，有远方就有乡愁，人生这条路，怎么选都会有遗憾，所以，不要美化那条没有选择的路，没必要，别拧巴。

想起《七月与安生》电影里的一句话："过得折腾一点，也不一定不幸福，就是太辛苦了。但其实，女孩子不管走哪条路，都是会辛苦的。"

生活总是艰辛，日子依然漫长，你和我都是时代洪流里非常微茫的存在，但是再渺小的个体，也要活得敞亮、自在，散发着光芒。

没人能保障你循规蹈矩就能一辈子活得安稳没有难题，也没人能说赤手空拳出去闯荡就一定能弄出名堂。

渴望认同，终究还是活在了别人的期待里，扔掉别人的看法，放下自己不真实的期待，选择合适，接受选择，就挺好。

没有任何一种人生可以高枕无忧，最后的生活，还得你自己去过。

10

风吹哪页读哪页，人来人往任由之

—

不要太执着于人与人之间的关系，
不管是友情还是爱情，
预设长期都是不太现实的，就自然地相处。

风吹哪页读哪页，人来人往任由之，
命运把我们带到哪里，就是哪里。

* * *

今天早上起来的时候，好久没联系的亚君突然给我发了条微信过来。

“我昨晚梦见你了，突然特别想念从前的我们。”

上班路上，我反反复复回想着亚君那句：突然特别想念从前的我们。

怎么会不想念呢？

亚君是我大学最好的朋友。四年里，我们乐此不疲地腻在一起，一起去看电影，一起在网吧玩一整晚，期末一起在图书馆熬夜，失恋了陪她在操场绕圈。后街、水吧、人工湖、麻辣串小摊、鸡蛋灌饼小店，都有我和亚君的身影。穿堂风吹过，日子不会回头，人不能同时拥有青春和对青春的感受。

毕业那天，大合影结束，我们两个穿着学士服，在我们走过无数遍的小路上散步。

我们默契地没有相互许诺什么，因为心知肚明，没有同一份课表之后，很多事步调不再一致。但那时我对友谊、情感这类事，还不是悲观的态度。

刚开始的几年，我因为写作而自我怀疑、丧气。亚君会经常安慰我，我每取得一点进步，她都要送一个小礼物给我。我第一次在网上发文章，只有两百多的阅读量，她很肯定地讲：“以后会有几万阅读量的，你会成为被很多很多人知晓的作家。”

岁月的无情就在于，等我一路磕磕绊绊走下来，真正出了书，真正以写作为生了，她已经回到家乡，成为一名教师，在去年生了二胎。

“有读者写了很多鼓励我的话，好开心。”

“孩子又把辅食打翻了。”

“你快看我今天拍给你的云，粉色的。”

“已婚已育妇女重返职场这么难吗？我的简历都石沉大海了。”

“今夏流行的多巴胺穿搭好适合你。”

“我在加班。”

“新年快乐！”

“你也快乐！”

这样有一搭没一搭地聊天久了，慢慢地，我有好多话不知该如何跟她讲了。

她没有时间安抚我灵感枯竭的焦虑，我也无法分担她半夜给孩子冲奶粉的辛苦。我和亚君都在相继寻找自己的着陆方式，这是好事。

你试着回想一下你三个月、一年、三年前，分别交好的人，会非常感慨。你会发现友情也像一阵一阵的海水，退下去后再涌上来的是新的一个，从前那个已经悄然地融入大海。

人生其实像一条从宽阔的平原走进森林的路。挽好的胳膊会放开，各自有路要探，要在无常的命运里，撒手追寻自己的答案。

所以，在成长的道路上跟旧友告别，是必修的功课。

有些关系的变淡，有迹可循，看得见所谓的因果。

有些关系的变淡，并没有太明显的痕迹，只是随着时间的推移，各自忙碌，很少联系，就疏远了。

我也说不清自己是在什么时候突然对这个事情变得坦然。

大概是因为经历过时间，终于能够确定，有些人即使没法常常见面，时时刻刻分享生活，也没关系。翻翻她的朋友圈，看看照片，或者时不时地知道对方的消息。你知道，她就在那儿，用她的方式，在好好生活着，就足够了。

我有我的花路要前行，你有你的山坡要翻越，有时候确实没有办法帮到或是陪伴对方，但其实这都没什么关系。人生的旅途，大多本就该自己走的。

* * *

拥有千万粉丝的短视频号“疯产姐妹”，前段时间宣布解散，很多关注她们多年的网友都感到有一些可惜。

“疯产姐妹”是两个女孩的组合，她们相识七年，一起玩闹，一起创业，是亲密的朋友，也是并肩的战友。现在，其中一人想换一种生活方式，另一个人表示尊重，这个组合因此解散。

这不由得让人感慨“天下没有不散的筵席”。

再好的朋友，也会有分离的一天。再好的关系，也会有变淡的一天。

微博常有女孩发私信问我关于“女生友谊”的困惑。

谁和谁以前很好，突然就不联系了；谁答应谁一起去逛街，竟然放了谁的鸽子去了另一个谁的局；谁和谁又像是约定好了一样，一起使劲排挤谁；谁把谁一直当好朋友，谁怎么可以这样对谁……

但是，大多时候，我只是认真读完私信，并没有回复。

我从那个年龄段走过，也经历过和好朋友之间的分崩离析。也许，我该表现得像一个更合格的知心姐姐，耐心聆听，并且同仇敌忾，出谋划策。可是该怎么跟你们说呢？我早过了那个阶段。

我的心境和情绪已经变了。

这个世界上我们遇到的人太多了，能成为朋友的人却寥寥无几，好朋友就更是凤毛麟角。

我们跟大多数人成为所谓的"朋友"，不是因为我们有多么相似，有多少共同语言，价值观有多么匹配，只不过是特定的时间、空间把我们拉扯到了一个圈子里，一旦时间轴和空间轴发生了位移，这样特定环境成全的友谊会顷刻土崩瓦解，比如谈不上感情有多深的"同学朋友"，比如谈不上了解有多深刻的"同事朋友"。

我们只是在那些产生交集的时间里，碰巧身边也需要有个人聊天取暖，结伴吃饭，仅此而已。

有些人相遇，注定了会分离，没什么好遗憾的。

一样的人，总会越走越近。不一样的人，就算用尽一生力气，费尽一生心思，也是枉然。

真正的朋友，绝对不会两面三刀。真正的好朋友，即使遥遥相望，也心存默契。

聚散离合，本是常态。

* * *

后来，我给亚君写过一封信：

我希望你能永远开心，单身开心，谈恋爱开心，当妈妈也开心，虽然我知道这很难。不要委屈自己，如果以后的日子里见不到，我会记好我们曾经那些有趣的事情，见面时互相倾诉，互相温暖。

但愿我们各自忙碌的时候都能照顾好自己，过好快乐且又充实的生活。

想我了，就打电话找我，发消息给我，甚至跑来找我一起出去嗨一场，都可以。我没什么温柔的话语，但只要你奔向我，我一定会先给你一个超大的拥抱。

不管多久没见面，我们彼此都还是老样子，脾气差，说话大声，不注意仪表，可是永远笑得那么开心。

如果哪天我们之间的关系没有以前好了，也不要惆怅，也许大概这是人之常情罢了。

一起走过的路本来就很珍贵，无论怎样，还是会觉得很高兴认识当初的你。但我还是希望我们的关系能一直保持当初那样好。

谢谢你，成为我的朋友。

人和人之间有过“一些时刻”其实就足够了。人生的大半都是荒野，是那些时刻把荒野照亮了。

* * *

我很喜欢一段描写友情的话：

朋友分为很多种，有些适合一起吃饭旅行，有些适合一起闯祸丢脸，有些像娇艳的花，有些像天边的晚霞。有些事只能和这个朋友一起，而有些事只能去找别的朋友。

每一个朋友都很特别，你不能要求他们百搭万能。

能够陪你通宵喝酒的朋友，不一定能给你送早餐，你要明白这一点。有些朋友是需要隔一段时间再见的，给彼此一个蓄水期，积累新知，互相交换才不会枯竭。而有些朋友则可以三天两头见面，烧烤、啤酒，一顿爆笑结束一天的疲惫。

也许每个阶段我们都会遇到新的朋友，但你的心里可能永远都不会忘了他们。

劝大家不要太执着于人与人之间的关系，不管是友情还是爱情，预设长期都是不太现实的，就自然地相处。风吹哪页读哪页，人来人往任由之，命运把我们带到哪里，就是哪里。

热闹经久的陪伴是不可求的，能够在合适的阶段相遇，开心过、痛快过就已经是一种馈赠。我已经不再纠结一个好朋友或者一个好的爱人到底能够陪伴我多久，他们让我见过光亮，轻轻托举过我，就已经是相遇的意义了。

我说不清自己是在哪天对这件事变得坦然的。

我很珍惜和朋友在一起的时间，也接受未来的某一天或许我们不再同路，开心的日子是闪着光的。

无论最后那些曾经同行的人分头去了哪里，都没关系，那些在一起的日子，都不应该被删除。

11

我一直爱着你，只是从浓烈变成悄无声息

—

失去一个很珍惜的人是怎样的体验？

有人说，

想有一只永远认得我的海豚，

也想让它好好在海里玩一辈子。

希望它别忘了我，

也希望它快乐。

* * *

换个角度想，爱情里最美好的四个字不是“白头偕老”“相濡以沫”，而是听起来十分寡淡的“有始有终”。

这个终，当然指的是结果。多少爱情，开始时你侬我侬，结束时一地潦草。如同电影结尾处，逐渐散去的细雾，只留给当局者和观众们意犹未尽又不得不说“再见”的惆怅感。

全世界都在教人怎么表白，却没人告诉我们，该如何说再见，该如何平静地忘记。

我好像没有讲过成贤的故事。

高成贤的名字是他给自己改的，那时候韩剧盛行，他说这名字听起来就是韩国帅气欧巴。实际他叫高小博。

年后，成贤从部队回来。听说北湖公园要拆迁，成贤说想去逛逛。我们买了几罐啤酒，坐在残破的石阶上，成贤说：“我最近常梦见小爽，不知道她现在过得怎么样……”

大概只有在酒精的作用下，成贤才会打开话匣子，说来说去，都是关于小爽的细碎。

她喜欢林俊杰；喜欢收藏各种图案的手提包装袋；吃火锅的时候喜欢用干碟拌面；看电影只选喜剧片和动画片；喜欢穿露脚趾的凉鞋；一定要手写生日卡片送给朋友；等等。

过去，成贤总是和我们抱怨小爽不喜欢打伞这件事，只要是雨天，不管多远，成贤都要去接她。如今下雨，成贤反而要出去淋一圈，也不知是跟谁学的。

听说，频繁出现在你梦里的人，是你的大脑感受到了你的思念，替你见了一面朝思暮想的人。有的人真的不是不联系就可以放下的。

* * *

时间倒回到大学。

成贤和小爽也不是最开始就相爱的，那会儿两个人是出了名的欢喜冤家，处处针锋相对，就连各自社团纳新，也要这边敲锣三下，那边打鼓五声，争个你死我活。

从大一闹到大三，成贤有过无数次想要冲进女生宿舍“掐死”小爽的冲动。直到有一次，小爽在水房打水，从楼梯上失足滚下去后，这烫伤加上摔伤，在家休养了两个月，成贤才发现自己抓心挠肝，心急如焚，周五下课就立刻买了火车票去看小爽，周日下午再坐火车返回学校。

成贤跟我们说：“完了完了，哥们儿我不会是坠入爱河了吧？”

有时候，我们只能在真的发生了点什么时，才能看清自己的心。

深更半夜的北湖公园，成贤和小爽从小门被撬弯的栏杆钻进来。

两人在一片大树掩映下的草地上并肩躺着，身边传来一阵阵的青草香和树梢上的蝉鸣，好像每个人的人生里都应该拥有一个这样的夏日夜晚。

小爽讲文艺复兴，成贤讲奥林匹克体育精神。直到守门的大爷提着手电筒，扯着大嗓门："哪来的兔崽子？"两个人才从打闹中回过神，拔腿就跑。成贤头上还顶着青草，小爽看了忍不住哈哈大笑。这一笑放慢了速度，眼看着大爷要追上，成贤一把拉起小爽的手飞奔。

两个人跑了一小段，绕个弯，扎进灌木丛里，屏住呼吸，等到大爷骂骂咧咧走过去才敢放松。这是他们两个人第一次牵手，这还不算完，成贤直截了当地问："可以做我女朋友吗？"

小爽愣住，心里像是拧开一瓶雪碧，"嗞嗞嗞"地冒着泡泡。

"可以呀，但我有个条件。"

"你说！"

"积分制，达到 60 分我们就交往，低于 60 分关系自动解除，鉴于我养伤那段时间你的表现，我先给你加 10 分！"

"那我必须朝着 100 分努力！"

小爽背着手，歪着头，抿着嘴笑："嗯……100 分的话，100 分的话，我就嫁给你。"

成贤乐得就差原地表演后空翻了。

* * *

大半夜，小爽想吃校门口的烤鱿鱼，成贤翻墙出去买，翻回来的路上被保安追到宿舍楼下。

“阿姨，帮我给 505 的齐爽。”东西往宿管阿姨窗台一扔，成贤一溜烟地跑了。

加 15 分。

小爽出去写生，成贤提前去了周边几个小山坡踩点。小爽全心全意地画，成贤在一旁全心全意地采花，编成花环戴在小爽头上。

加 10 分。

例假把小爽折磨得在床上打滚，成贤在小爽室友的掩护下，男扮女装溜进女寝。小爽看着戴着假发的成贤推门进来，哭笑不得，成贤从包里掏出红糖、姜母茶、热水袋和芒果。

加 20 分。

夏至那天，原本去邻市参加篮球比赛赶不回来的成贤，在小爽专业课 8 点 20 分下课的教学楼门口放起了烟花。

加 10 分。

午后蝉鸣，成贤在教室打瞌睡。

小爽来找成贤，怕吵醒他，轻轻放下酸奶，戴上耳机，一边听英语一边用扇子给成贤扇风。

成贤问我：这就是诗人们歌颂的爱情吧？

* * *

林俊杰来开演唱会，成贤听到内场票价后，一个翻身下床，套了件外套就出门，留下面面相觑的室友们。

跟学校隔着两条街的夜市，成贤站在烟熏火燎中，埋头烤串。

我们几个走过去："来十个羊肉串。"

"你们来了，十个不行，至少五十个。"

"你想撑死我们？"

"卖得越多，我挣得越多嘛，帮帮兄弟。"

"没人性！"我们几个翻着白眼。

我们喝着啤酒，吃着烤串，一直等到成贤下班。

"这也太辛苦了，值得吗？"

"我这是为了爱情，你们不觉得很酷吗？偷偷羡慕去吧，你们。"

我只记得，那天的烤串撑得我胃痉挛都犯了。

当现场灯光暗下来，当林俊杰唱起《一千年以后》，小爽转过头，在成贤热到滚烫的脸上"啪"地亲了一口。成贤说，现场热闹无比，但那一刻世界都安静了，那一吻，就像开一瓶庆祝节日的香槟，在成贤心里炸开了花。

加 30 分。

大四，小爽提前去成都一家知名动漫公司实习。

送小爽那天，成贤说："我现在是 95 分，能给我加到 100 吗？"

"在我心里呢，你已经是 100 分了，可我们不能破坏制度，看你接下来的表现哦！"小爽带着那种离开校园、初入社会的兴奋说道。

迟迟不肯释怀，也释怀不了的原因，也许是因为那个人出现在你爱意最纯净也最浓烈的时候，并在你心里拿过满分。

* * *

之后，两个人靠电话小心翼翼地维系着感情。

三个月实习期过后，小爽回来，我们聚在一起。从成都回来的小爽变得无辣不欢，在泼辣的红汤里打捞起一片牛肉，大快朵颐。

"我有话跟你说。"

"我也有事跟你说。"

"那我先说，我的美术老师给我申请了出国深造的名额，我想试试。"

“好啊，好事！”

“你要说什么事？”

“也没什么重要的。”

“爽，你这次出国学习要多久？”成贤的室友问起。

“三年，很快的。”

我们几个互相看了一眼，又看向成贤，他不说话，只是盯着小爽，给她涮毛肚、贡菜、黄喉，在可乐罐里插好吸管，递过去喂她。

没过多久，小爽就从同学那里得知成贤家里让他去当兵的事。

“你也不是想瞒着我，只是不知道怎么跟我说，对不对？”

“嗯嗯。”

“没什么，你当兵五年，等我回来，我就去部队看你。”

“嗯嗯。”

散伙饭那天，小爽特意化了精致的妆，穿一身白色连衣裙，艺术生的气质是成贤永远也迈不过的坎。小爽喝了不少酒，话都说不利索了，嘴里还一直嘟囔着：“时间很快的，一定很快的。”

那天半夜，成贤从后备厢搬出烟花，两人互相靠着看烟花升起、绽放、暗淡、落幕、变为灰烬，谁都没有说话。

* * *

成贤说去机场送小爽的那天，看着她的背影，突然觉得自己的某一部分也被带走了。

小爽一个人在国外，压力很大，过得并不顺心，但又不想放弃，只能死撑硬扛。成贤除了每天固定用手机的时间可以联络小爽，大部分的时候都是失联状态。

两个人通话的时长越来越短，频率越来越低。“我好累，先不说了”成了两个人对话时大部分的结尾。小爽不知道自己为什么这么疲倦，成贤也不知道。

他们感觉得到，彼此之间有什么东西消失了，只能靠着过去的感情维系着情感。

在一次持续了一个小时的通话里，小爽在最后说：“你来找我吧。”

成贤沉默。

“我们分手吧。”

成贤还是沉默。

“你选一个。”小爽挂下电话。

那天之后，她在等他的答案。

他却没给她打过电话。

听说，小爽最后给成贤发过一条微信：没什么好犹豫的，如果两难，那就两断。如果觉得太累，及时结束并没有错。

一晃五年过去了。

失去一个很珍惜的人是怎样的体验？

有人说，想有一只永远认得我的海豚，也想让它好好在海里玩一辈子。希望它别忘了我，也希望它快乐。

你们懂那种感觉吗？

明知道和对方早就不顺路了，但还是忍不住想拖延散场的时间，非要看看能走到哪一步。

* * *

添加好友，通过验证，修改备注。

设置背景，置顶聊天，特别关心。

取消置顶，还原背景，修改备注。

删除好友，故事很短，有缘无分。

一个和自己有着几百几千页聊天记录的人离开了，一个见过自己哭也陪过自己笑的人消失了，说不难受是不可能的。

一个曾经那么那么爱的人，一个爱得真切又恨得热烈的人，成了闭口不提的曾经；一起畅想规划过的未来，莫名就替他人做了嫁衣。

歌曲《我们》里唱着："我最大的遗憾，是你的遗憾，与我有关。"故事总是开头特别地好看，层层铺垫，引人入胜，只是每个故事，都终究会走向尾声。

最后的最后，你没有回我最后一条消息，我也很默契地没有再发。或许在某个午后或深夜，顺手就把对方加进了黑名单，就这样消失在彼此的生活里，好像从来没有认识过。

* * *

我们问成贤，就这么难忘吗？

成贤闷了一口啤酒："那是我永远也得不到的 100 分。"

沈佳宜没有跟柯景腾在一起，陈孝正错过了郑微，陈寻离开了方茴。

从《那些年，我们一起追的女孩》到《致我们终将逝去的青春》，再到《匆匆那年》，好像都在告诉我们一件关于青春的遗憾，那就是——未完成的爱情。

大概，不是每个故事都会有结局，而大多数时候原本看起来天造地设的两个人，突然间就宣布了分手，最后连句再见也没有。再或者明明互相喜欢，却没能在一起，最后形同陌路，变成陌生人。

那个让你对明天有所期待的人，根本就没能出现在你的明天里。

人这一辈子，总是在遗憾中度过：爱而不得的人、忘而不能的感情、求而不得的夙愿。在欢愉时分没有人想过以后会怎样，可谁也无法避免某些事的终场、某些人的离开。

明明已经道别了，但仍旧会长久地怀念那段曾经在一起的时间。人总是这样，太喜欢怀念，明知道怀念一点用都没有。

回忆还在像走马灯似的旋转不停，只是一层层地被打上了黑白的马赛克，开始告诫你我那些都已经是过去，也只是过去。

其实大家心里都明白，无论如何也回不去了。

对于真心爱过的人，相忘于江湖，是从对方的生命中离开以后，对彼此最大的尊重和慈悲。这段路，你们只能陪彼此到这里了，即使当初是真的打算为对方赴汤蹈火。

当然希望天下有情人终成眷属，但也不得不接受，很多故事到最后，不过是相识一场。

世界上没有反方向的钟，四季轮转都在告诉你：不要回头。

12

所谓世面，
不过是世界的一面而已

—

一个女孩怎么才算见过世面?

你可以吃车厘子，背奢侈品包包环游世界，
也可以赚大钱，出入各种高档场所。
我可以吃炸酱面、阳春面、臊子面，
也可以夜里躺在奶奶院子里的藤椅上看星星。

有的人涂口红在职场大杀四方，
有的人涂口红影响啃肘子。
所谓的世面，不过就是每个人不同的生活，
构成了世界的每一面。

* * *

在网上看到一篇帖子，说我国有10亿人没坐过飞机高铁，有12亿人没喝过星巴克，没吃过海底捞。

还有博主借机将“如何坐高铁”“如何坐公交”“如何吃海底捞”“如何看电影”等很多看似简单的生活常识拍成科普视频，浏览量达百万。

然而，评论区是这样的：

“什么年代了，坐飞机还得要人教啊？”

“不会吃海底捞，这也太没见过世面了吧。”

“没坐过飞机还能理解，但没坐过地铁就真的离谱。”

看着评论区莫名其妙的优越感，我心里说不出地别扭。

很多生活在县城、乡村的人，大半辈子都没有走出他们生活的半径，没坐过飞机去远一点的城市，没在城市里买过一张地铁票，这没什么好奇怪的。

城里人分不清小麦和水稻，不知道庄稼一年收成几次；乡下人没坐过地铁，不知道如何换乘。

离谱吗？不过就是没在那个环境下生活体验过而已。

有人生活在城市，地铁、高铁只是最基本的出行工具，从小就逛大型超市和购物中心，吃连锁品牌的小龙虾。

有人生活在田间，走路就可以到学校，在自家的田地里玩耍，抬头就是晴空万里，低头就知道几月份该种什么类型的作物。

有人去过大商场，分得清每个奢侈品牌子的标志，讲得出品牌的历史和经典款，有人只穿普通的衣服，却分得清匹马棉和精梳棉。

有人知道几分熟的牛排最好吃，有人没吃过牛排，但知道眼肉、T 骨、板腱在牛的哪个部位。

我们眼里的世界，不过是我们对这个世界片面的理解和认知。

* * *

微博私信收到一个女孩子的留言，委婉地向我抱怨对一位上司的不满。

虽然是上司，但她比那女孩实际大不了几岁，看得出家境很好，年纪轻轻就经常出国旅行，游走在各种秀场和典礼，朋友圈晒的是和红人明星合照，是在游艇吃法餐，是回英国母校参加活动等，说起全球各地的人文风俗、美食娱乐更是头头是道。

“那很好呀，跟她一起工作，应该能学到很多东西吧？”

女孩叹气：“不知道是不是我太玻璃心了，每次我向她请教工作上的事，她都会先感慨一声‘你居然连这都不知道’，年假打算回老家，她也嗤之以鼻，说最好的年纪就要多出去走走。这样的话听多了，我真的很难跟她亲近。”

说完，女孩又补充一句：“她或许只是随口一说，并没有什么恶意吧。”

其实女孩的心理，我大概能懂一点。

我在《这世界很好，但你也不差》里提到过，因为朋友在乐团工作，周末我经常去旁观他们排练。乐团的负责人知道我的工作后，就期望我能为乐团做一些营销方面的文案，我欣然接受。

有段时间，我经常出入乐团。

他们中有一位吹双簧管的男孩，听说是在加拿大读的大学，后去瑞士进修音乐。我对他的第一印象其实蛮好的，听他讲起留学的经历，觉得很有趣，甚至还为自己有机会认识这样一位不错的伙伴感到些许的幸运。然而很快，我就为自己如此草率地评价一个人而心生后悔。

几次合作中，我发现无论别人讲到什么话题，他都要有意无意地提到自己在瑞士上学的时候……

排练的时候，他经常迟到，团队四十几人等他，可他却从不为自己的行为感到抱歉，反而说：“我在国外待了很多年，那边的人都很随意的，真的没想到你们都这么守规矩。”

其实到这里，我都还觉得他只是想炫耀自己心里小小的得意罢了。直到有一次，一个助理给大家买了咖啡回来，他居然当着一屋子人的面，语带讽刺地挖苦对方连“decaf coffee”（低咖啡因咖啡）都看不懂，给他分错了咖啡。

“你怎么还委屈上了？我在国外的时候，连餐厅服务员都懂英文。”

我看着小姑娘被训得眼泪汪汪，再看看他趾高气扬的嘴脸，满脑子只有“下头”两个字。

见过世面的意义，并不在于朋友圈状态下全球各处的定位，在星巴克用纯正流利的英语点一杯低卡拿铁，说起奢侈品豪车时的如数家珍，以及对名胜古迹的倒背如流，更重要的，是一个人的修养。

自足而不自满，优秀但不优越。

谁的人生是标准答案？

你可以吃车厘子，背奢侈品包包环游世界，也可以赚大钱，出入各种高档场所；我可以吃炸酱面、阳春面、臊子面，也可以夜里躺在奶奶院子里的藤椅上看星星；有的人涂口红在职场大杀四方，有的人涂口红影响啃肘子。

不要因为自己的有而带有优越感，你不应该因为你懂，就瞧不起那些不懂的人，去苛责他人的无。同样地，不要因为你不懂，因为别人有更多，就心生嫉妒，暗自鄙薄，自卑露怯。

好好说每一句话，跟每一个人好好地交往，才是见过世面的人会去做的事情。

读书，是让我们知荣辱，明事理，而不是让你觉得自己认识几个字就高人一等。世界这么大，每个人见过的都只是世界很小的一面，仅此而已。

* * *

纪录片《丁真的自然笔记》里，有一期嘉宾是中国人民大学毕业的法学生李浩源。

同嘉宾交谈许久后，丁真略带羡慕地说："你读过很多书吧？"

"我读了 17 年的书。"

只上过小学的丁真更加忍不住感慨："17 年，哇哦，我没读过书。"

李浩源态度温柔，语气和缓地说："你在森林里成长了那么多年，你也和我一样，你也读了很多森林的书。"

看到这里，我想起一位网友说，她和她的丈夫受教育背景不同，知识量相差悬殊。

比如，当他们一起去动物园的时候，他会告诉她，鳄鱼会主动吞下一些石子，来帮助自己消化；斑马很没有安全感，绝不会独自睡觉，它们都是成群结队地待在一起。

再比如，他说距离地球 57 光年的地方，有一个粉红色的星球，说不定人类失去的爱情最终会聚集储存在那里。

他愿意同她分享她眼界之外的东西，不是为了炫耀自己的知识面，也不是为了赢得什么好感，是他切实觉得那些东西有趣才分享。

每次她都忍不住惊叹："你太厉害了，连这个都知道。"

她丈夫会说："我只是比你早一点知道而已，现在你也知道了。"

有的人，不会因为自己有了什么，就嘲笑别人没有拥有，不摆居高临下的姿态，不把自己拥有的当作理所当然，不通过拉踩别人滋生出自我满足的优越感，见过很多，依旧谦卑、和善、温柔。

一个眼界阅历和知识量在你之上、格局和信息密度远大于你的人，愿意俯下身来主动与你交流，尊重你、鼓励你、引导你，这便是最好的良师益友，三生有幸。

* * *

你出国旅游，在卢浮宫欣赏艺术品，滑雪潜水，山珍海味，那是你见过的世面；放牛娃在山上奔驰，雨雪风霜，路边小摊，农田村野，那是他见过的世面。

真正没见过世面的是：你指责放牛娃不懂艺术，放牛娃指责你不会放牧。城里孩子见过大厦高楼，乡下孩子见过满天星斗。

世面这东西是见不完的，人与人更是不同，有人梦想去大城市，有人梦想去山里支教，有人喜欢穿高跟鞋，有人只穿平底鞋。

但等你真的走出自己生活的圈子，你读了大学，认识了五湖四海的朋友，你会发现原来大家因为成长环境不同会有千差万别的习惯和想法；你进入了社会，见识了世界之大，有太多地方我们没去过，有好多东西我们不知道，有很多人和你不一样，你慢慢就会意识到自己的渺小。

谁又比谁更见过世面？世面不就是坦然地接受这个世界上千奇百怪的人和事吗？

世面就是能理解一切的无知、偏见、自大、虚荣、傲慢、自卑，明白众生百态皆有其缘由；不卑不亢，不媚不欺，知世界之大，知自己之小，知时间之长，知得失去留皆常态。

人和人之间的差距并不是见没见过世面，而是能不能透过世界的任意一面，见天地，见自己，见众生。

* * *

当人性在你面前徐徐展开的时候，你能保持一份宁静和坦然，是一种世面 。

当你多翻看过几页世界这本书，多听过几个故事，找到内心的勇敢和自信，也是一种世面。

当有一天你的内心足够笃定的时候，你不会再到处问“什么样的女孩才叫见过世面”，你也不需要听别人说“你是一个见过世面的女孩”。

因为那时候，你心里已经拥有了自己的山河。

亲爱的女孩，下一次，牛排你想吃几分熟就吃几分熟，别怕。

13

与其自我内耗，不如直接发疯

—

做人没必要太正常，

自从适当发疯后，

我的精神状态好多了。

* * *

几乎没有人摆脱得了夜晚的魅力。

白天来不及处理的情绪，统统都留在了黑夜里，“熬夜冠军”们仿佛“越夜越自由”，与床相拥的那一秒，褪去社会化的外壳，无须再连接世界，只专注当下真实的自己。

为什么现代人都养成了熬夜的习惯呢?

原因说出来有点怪，晚睡可能反倒是为了好好休息，给大脑和神经解压。

我曾看过一份学术报告，称中国约 15% 的人患有不同程度的失眠症状，其中部分晚睡、不睡的人仅仅是因为不想睡，这部分人被称为“拖眠症患者”。

对此，睡眠基金会给出的解释是:“由于日常缺乏自由时间，而决定牺牲睡眠来享受休闲时光。”

说到底，睡眠拖延不过是因为现代人不够自由，试图在夜晚得到喘息。

老板睡了，竞争对手睡了，孩子睡了，你终于可以用这好不容易“偷来”的时间做点自己喜欢的事了。

* * *

当夜猫子是真的会上瘾，我身边的朋友不外如此。

应该每个人都有那种闺密群吧，无话不说、尽情分享的那种。

这两年群里出现一种现象：白天大多风平浪静，偶尔有姐妹抛出来几则社会新闻、抖音上的搞笑视频，或者明星八卦之类的。可到了晚上，尤其是10点30分之后，大家就开始发疯。

我观察了一下，发疯分两种。

一种是小情绪上的伤感和颓丧：说自己今天碰到什么糟心事，聊得很好的男生突然冷却下来；项目明明进展顺利，合作方突然改变主意；快递丢失，卖家和驿站纷纷甩锅……

另一种是愤恨世界：吐槽领导，痛骂同事，吵吵着这个破班真的是不上也罢，然后几个闺密一起视频，举杯一起指责世界，骂得十分来劲儿……

我大部分时间都不说话，只是默默收集表情包。

到了后半夜1点左右，大家的气撒得差不多了，便陆续偃旗息鼓，默默下线。第二天白天依然一团和气，晚上继续发疯。

我想，这可能就对应了网上最近很流行的这句话——与其精神内耗自己，不如发疯外耗他人。

“发疯”似乎成为年轻人释放情绪最直接的方式，用戏谑向外界排解生活中的压力。这场热闹的狂欢，更像是一种纯粹的情绪宣泄。

* * *

我虽然不参与每晚的集体发疯环节，但我明白，情绪表达的背后，潜藏着年轻人面临生活、工作中普遍的“无意义感”时，找不到解决办法，只能向空气挥拳的无措与迷茫。

这就不难理解为什么网上发疯文学这么受到追捧。

之前我在网上刷到过这样一则故事：一位一线城市的都市白领，白天在高档写字楼里当精英，穿洁白的正肩衬衫，手提迪奥戴妃包，小猫跟敲打着锃亮的大理石地面；下了班就去健身房做健身教练，然后换一套辣妹装去酒吧当DJ。

评论区各执一词，有的人觉得这不体面，是不务正业。另一队人觉得我们生活在一个紧绷的状态里，在各种压力之下，在严苛的社会标准下，很多时候感觉喘不过气来，总要找到一种方式，让高压的生活得到疏解，没必要上纲上线。

其实想想，我们不过是普通人，没有自带让人生变成简单模式的背景资源，没有遇山开山、遇水架桥、只用直道而行的超能力。

全凭一个人一路前行，时不时还会在心里愧疚，觉得自己做得不够好，赶不上父母老去的速度，会痛，会疲惫，会紧张，会想要逃避，会本能地寻找出口。

偶尔的不正常，无非就是给自己一个出口，让自己排排气。

* * *

我是个活在条条框框里的人，家教严格，循规蹈矩，我在心底默默规训自己：不管多糟，不要发疯。

说真的，我早就厌倦甚至可以说是受够了必须保持理智清醒的克制，还有随时必须迎接战斗的状态，但我也很幸运，很早就找到了文字这个出口，不然我现在肯定疯得比我的朋友们都厉害。

而我的朋友们，疯的方式五花八门：

比如，不远万里去看演唱会，还有现在非常流行的 city walk；

比如，裸辞去旅行，去到让自己魂牵梦绕多年的西藏感受心灵的宁静；

比如，学会了直接拒绝，学会了直面不公平，学会了大方怼人；

比如，一边刻苦考律证，一边学文身；

……

人们选择发疯的方式来解构荒诞。于是，我们看到了年轻人用 iPad 来敲木鱼，沉迷于刮刮乐，认为毛绒玩具也有生命以及返璞归真。

所以，疯疯又有何妨?

现代人，其实迫切地需要一场精神宣泄。这就像是一壶将沸未沸的水，迟早都要达到那个沸点，然后整个人翻腾起来，就在这样翻腾的过程中，坏掉的情绪被蒸发掉了。

* * *

多年摸爬滚打，我总结了一些排解情绪的方式，希望对你们也有用。

听自己的哭声。

找一个隐蔽、空旷、安全和不会被打扰的环境，想那些让自己不开心的事情，放声大哭。或许一开始你并不能直接有哭腔，但当你听着自己的干号声时，你也会慢慢意识到自己真的很委屈，这时候也就能放声大哭了。

每个人都有哭的权利，情绪是可以决堤的。不过不建议长时间爆哭，容易头晕，别问我是怎么知道的。

我们要有至少一位非常信任的朋友。

倾诉是放大情绪的有效方法之一，尤其是对你十分信任依赖的人倾诉。通过倾诉，尤其是当你以夸张的方式描述它们时，你能够直面所有的痛苦与难过。

很多时候，那些你认为已经过去了的事情，会通过你与朋友倾诉时颤抖的声音来提醒你它并未完全消散。当情绪通过倾诉被放大后，你就可以通过哭泣来宣泄了。

但朋友不是垃圾桶，倾诉也要适当。

运动起来吧。

运动能够使你产生多巴胺，而多巴胺又是让人感到快乐的神经递质。尤其当你挨过运动的疲惫坚持下来时，这种对身体的掌控感能够让你更加快乐。

我好像没有在运动这件事上花过钱，所以健身房跟我无缘，我的运动方式是早起空腹爬楼梯和跳健身操。

如果你实在不爱运动，那就收拾屋子吧。

收拾的过程也是一个梳理心情的过程。物品从杂乱无章到整洁有序的过程，能够让你感到舒畅和满足。

情绪不好时你可以洗洗被单，让它们布满阳光的味道；还可以把衣柜的衣服翻出来重新叠好；再把所有的资料都重新整理一遍；甚至可以清理微信好友，做一切断舍离工作。

这些都会让你非常痛快、清爽和如释重负。

看一些访谈、演讲、谈话类综艺或纪录片，以扩充你的知识面。

这些能帮助你用新的角度看待所面临的问题，最终恍然大悟，豁然开朗，不再陷入消极情绪中。或是看一些宇宙类的纪录片，会发现原来这个世界这么大，所有的悲伤烦恼在它面前不过是一缕尘烟。

有假期和预算的话，出去看世界是个很好的办法。

你可以去水果和海鲜便宜又新鲜的泰国，打卡动漫同款的镰仓高校前站和在情歌里一次次被提起的富士山，还有被海豚追逐的薄荷岛，等等。

或许你会发现，好的事情都在来的路上，一切烦恼不过尔尔。

写日记也是不错的解压方式。

这是我从小学一直保持到现在的一个习惯，每当我难过、焦虑、愤怒时，思绪便会一团乱，甚至会陷入反刍思维中。每当这个时候，我就会用纸笔记录想法。写日记的过程也是一个整理和疏通的过程，而一旦思绪被捋清，消极情绪也就有可能随之消失。

爱自己的其中一步，就是照顾好自己。

做人没必要太正常，适时宣泄情绪是必要的。希望我们都能在平凡的日子里开开心心，这是每个人都应该拥有的权利和义务。

14

你会遇见谁，取决于你内心的能量

—

在讨论婚姻和人生之前，
首先我们得是一个人，
一个真实的、具体的、
活生生的、有自己独立意志的人。

这与我们是否结婚生子无关，
女性的价值更不需要用婚姻来加持。

* * *

关于结婚这件事，我早就想写了。但因为话题敏感，迟迟没动笔。

再一想，跟着我一起成长的读者们，如今也有不少面对这个问题，所以我想跟大家分享几个婚恋脚本。

国庆7天长假，除了庆祝祖国母亲生日、外出旅游之外，也是大家扎堆结婚的大日子。

Darcy参加了五场婚礼，其中一场她还是伴娘。假期最后一天她才有自己的时间，于是我们约好一起去动物园看熊猫浦浦，享受假期的余温。

Darcy说："你说他们年纪轻轻的为什么要急着结婚？是有多想不开？"

我被她的话逗笑了："人家年龄正好，怎么就不能结婚了？"

"我真的搞不懂，哪怕真的爱一个人，谈恋爱不好吗？世界多大多美好，自己喜欢的事还没做完，就要跳进婚姻里，不划算！"

"这话你跟我说说就好，可别回家说，给家里人添堵。"

"你有没有在你的书里告诉那些小女孩，结婚一定一定不能草率？"

"告诉千千万万遍了。"

"太不划算了！"

“你好好坚守你的婚恋观，别人好好经营婚姻，互不冲突嘛。”

Darcy 猛吸了一口咖啡，摇着头。

其实，Darcy 的想法在如今这个时代早已算不上另类。

尤其是各种大数据铁证如山，表明近些年的结婚率逐渐降低，而离婚率持续走高，使得许多年轻人开始有些恐婚。

谈婚色变，已经成为一些人的常态。

Darcy 今年 29 岁，小学音乐老师，空闲时开直播弹琴，翻唱自己喜欢的歌。爷爷奶奶、外公外婆去世前，给她留了几套房产和七位数的积蓄。Darcy 父亲做生意，母亲在高校任职，过两年退休，家境小康。

她觉得目前自己的生活很幸福：拥有一份收入稳定的工作，父母身体健康；下了班开车出去和朋友们见面，喝啤酒、兜风、聊音乐、聊梦想，还有一个相互喜欢的男朋友，谈了 3 年了。

Darcy 从来不是一个向往婚姻的女孩。在长辈们的婚姻生活中，她目睹了太多不能理解和难以接受的故事，但逢年过节，亲戚朋友们在一起，她少不了被问：“打算什么时候结婚？不结婚，看到别人逢年过节欢聚一堂吃着团圆饭，就不羡慕吗？”

“羡慕什么？饭谁做？碗谁洗？又是谁的亲人团圆了？”

怼催婚这事儿，Darcy 从不嘴软。

* * *

关于结婚这件事，大家总是不相信有些女人的兴趣点真的不在爱情或婚姻上，也不相信在没有爱情或婚姻的日子里，女人真的照样也可以把日子过得有声有色。

我不是鼓励大家不恋爱、不结婚，我自己就是一个很享受爱情的人，我觉得谈恋爱没错，不结婚没错，结婚也没错。

你可以说我在这件事上没有原则，可有些事本来就很难掰扯出个对与错的，何况是结婚这件在世俗观念里顶顶重要的事呢。

对于那些催婚的人，我想说，你不能因为自己过上了某种生活，就认为这就是世俗意义里绝对正确的选择，就希望甚至要求别人也得去过某种生活。

以“过来人”和“为你好”来对青年人命运进行规劝，认为结婚就等于幸福，单身就等于不幸福，不结婚就是“离经叛道”，那就很没意思了。

我相信，大多数的长辈或亲戚是真的爱晚辈，希望我们有人爱护，有人照顾。

但上一辈的人，好像很难肯定“女性除却家庭角色之外”的人生定位，好像中年相夫教子，晚年有儿有孙，才是女性完美、圆满的一生，才是“没白活”的一生。

他们还会说，只要你结婚，他们的任务就完成了，也不知道是哪个神秘组织给他们下达的任务。

“用嫁人来证明自己是有价值的”这件事本身就很可悲，如果一个女性不被爱、不结婚，活着就没价值了吗？

别闹了，时代变了，女性的活法也变了。

* * *

Darcy 的理论是，只要我们彼此相爱，一天一天，一年一年，结不结婚有什么重要？我们只不过是换了一种形式生活而已。

只谈恋爱不结婚这件事，并没有传统的脚本可以参考，两人需要摸索自己的恋爱脚本。比如，在不结婚的情况下，是分开住还是同居？如果选择同居，如何置办房产和装修？

但我相信，没结婚不等于不可以享受健康的爱和亲密关系。

我不明白，各行各业都要考取资格证的今天，为人伴侣和为人父母居然不需要考试。

那么，比起迷迷糊糊踏入婚姻，有的人更想要成长得扎实一些，再判断自己到底适合怎样的生活方式。恕我直言，从这个角度来讲，谨慎一点反而是对婚姻的尊重，比那些头脑一热就结婚生子要好很多。

个人能力和自己生活水平的相关性更加直接。

只谈恋爱不结婚的人，想要生活得幸福，就需要有能够独立承担物质保障的能力，以应对人生中各种不确定的风险。

结婚并不意味着幸福，但同时，另一个残酷的事实也必须要被提出——不结婚也不意味着幸福。幸福从来都不取决于你是否选择结婚，而取决于你选择如何度过你的每一天。

* * *

子娇结婚了，新郎不是她年少时喜欢的那一位，这倒也没什么稀奇。

她是海归硕士，家境好、学识高、样貌佳，各方面都优秀。她高中的初恋，那个男孩子高三没读完便辍学了，从家里拿了点钱，在校门前的十字路口那儿开了一家小吃店。

我对那个男生印象不深，只记得带点痞子气。他怎么看都不像是和子娇能走到一起的人，可两个人却偏偏在一起长达五年。

那时候，子娇偶尔逃课去帮他看店。有次她爸爸来学校找她，我发短信告诉她，她急急忙忙跑回来，被校长撞个正着，给了处分。

子娇总是说，她男朋友做的炒年糕是全世界最好吃的。

你们有没有觉得，小城市的恋爱有种天然的故事感？

两个人骑着单车从小巷穿过，仿佛是贴合着青春小说里惯用的经典情节。可惜青春小说的纸页，慢慢变潮湿，最后连字都看不清。

后来她考到厦门读大学，出国读硕士。时间一久，因为这样那样的矛盾，两人终于分了手。那之后，她有很长一段时间没有恋爱。

我是故事的旁观者，只能按照时间线捋，那颗心怎样沉浮，大概只有她自己懂。

婚礼现场，台上的子娇美得不可方物。听说婚纱是纽约设计师的作品，又大又闪的钻戒引得姐妹们羡慕连连。

旁边的朋友用胳膊碰碰我："你知道她老公干吗的吗？"

"不知道。"

"是位颇有名气的律师，自己有间律所。"说罢，朋友打开百度百科，输入新郎的名字，然后递给我。

看我吃惊的表情，朋友接着说："他俩才谈了半年，双方家长都满意，于是婚事很顺利就定下了。可真是门当户对，比那个谁强多了，怎么看都像是天生一对。"

高中时，我看了很多校园言情小说，里面的男女主通常会在高中或者大学相爱。因缘际会，分手是必然会上演的情节，主角最终和一个不相干的人结婚。

原来，文学作品早早地就告诉我们，年少时的爱情美好但易碎。

不奇怪，少年人的交往是可以不计后果的，但成年人的婚姻却有着严格的“适配规则”，学识、家世、阅历、三观，诸如此类，还要有社会地位、经济能力的加持……

成年人的“适配标准”比青春期要严苛许多。

年轻时我们总会贪恋波澜起伏的罗曼蒂克，要轰轰烈烈，要至死方休，觉得只要两个人彼此喜欢便可以长长久久在一起。而步入社会之后，便会更向往细水长流，觉得不需要过多曲折，平稳而妥当即可，理智而温和的爱，才能让人觉得安心。

我们不想再栽树了，我们想乘凉，这也没什么好坏之分，只是成长罢了。

对我们绝大多数人而言，有一个“选择”尚且不易，拥有金钱和爱情两全的“完美选择”更是难上加难。

于是大家也“想开”了，抓住一个也行，总不会太亏。

* * *

这几天一直在下闷热的雨，空气中弥漫着潮湿。

我在家里一个字也写不进去，晚上便去了邱天家。邱天煎的牛排真是一绝，期间我们两个人喝了一点小酒，在微醺的状态下说了一点心里话。

“小梨生宝宝了，你去看过没？”

“买了个小礼物，过几天去。”

“上次看见你妈，阿姨对你结婚的事，心里可急了，跟我打听你有没有男朋友。”

“下次我妈再絮叨，你就找借口敷衍过去。”

“为什么单身那么久，还不开始新的感情呢？还是因为他吗？”

她倒酒的手突然停下来，笑了笑：“倒不是因为他，是我自己的问题。”

邱天说，总觉得以前的自己活得不够尊重自己，总是把太多期待放在恋人的身上，一投入感情当中就像是没有脑子的傻瓜一样，毫无节制地想要去付出全部。

现在呢，更多的是想取悦自己，花时间爱自己、丰富自己，这样自己才会多一些底气。

邱天的上一段的感情，我知道始末。

那时候邱天还在北漂，一个人刚到北京不久，没有圈子，每天只在公司和家之间来回折返，其实也算不上是家，不过是公司附近便宜租来的房子。

一同进公司实习的一个男孩同她住一个小区，两人慢慢就顺理成章地一起上下班。男孩对她照顾有加，邱天心里知道对方不是自己喜欢的类型，但被照顾的感觉，真的让人很难拒绝，不是吗？

男友工作能力出众，晋升很快，同时也就意味着要见的客户越来越多，出差越来越频繁。有段时间，邱天把爱情当成了生活里的全部，经常会疑神疑鬼，患得患失，半夜还要打电话过去确认男友房间有没有其他人。不仅弄得两个人之间很不愉快，自己的工作还一团糟，几次遭到部门领导的辞退警告。

后来男友因工作安排调配到深圳，借此提出分手。她一度情绪崩溃，期间还几次飞到深圳想要挽回，可惜连对方的面都没见到。

对方的决绝，让邱天度过了至今人生当中最黑暗的 3 个月。

不过值得庆幸的是，她没有颓废很久。

不久，她辞掉北京的工作，回到了老家。她开始重新投简历找工作，由于之前算是有点工作经验，因此重新起步没那么吃力。她吃着蔬菜沙拉，喝着苦涩的黑咖，坚持打卡健身操，就连很久以前收藏过的化妆穿搭视频，也开始认真学起来了。她一遍遍看网课，做笔记，画思维导图进行复盘，默默积蓄能量，只待破茧成蝶。

她也不再提前任，没有再在朋友圈呻吟。

如今距离那段感情已经过去了两年的光景，现在的她更加成熟和独立，成为大多数姑娘都会羡慕的那种女生。

她现在提起前任的时候，特别云淡风轻。有些人的出现，就是为了让你成长，让你自我反省的。

我知道你迟迟不肯爱人，是因为你的心如果想回到最初那般平静、坚定，首先得一步步踏过自己碎成玻璃碴一般的回忆，重新定义自己。

以前累了、熬不住的时候，常常想着如果能找到座靠山就好了。

后来发现，所谓靠山，全是陷阱，有些荆棘不平，有些密不见光，有些寸草不生，有些满布豺狼。而重要的是，你被什么庇护，就会被什么限制。能为你遮风挡雨的，最后同样能让你不见天日。

于是一直寻寻觅觅，也一直两手空空。

直到某一天幡然醒悟，终于成了自己的那座山。

好姑娘该有的恋爱观，一是不因寂寞而随便开始一段感情，二是保持自我和经济的独立。

单身的人仍然拥有一种独特的体面，那就是不用把心放在另一个人身上，颤颤巍巍，时刻担心，小心易碎的体面。

爱情，有时会姗姗来迟，但走得慢、来得晚都没关系，只要它是真的。而所谓的好运气，只有当你单纯地不带任何私心杂念的时候，它才肯降临。

期待爱情没有错，只是在那个人到来之前，你要做的就是先替他照顾好自己。即使你是一个人，也可以有五光十色的生活。

一个能给自己提供正能量的人，一个能温暖自己的人，才能不忧不惧。缘分到了，便去伸手抓住；缘分未到，就让自己活得精彩。

不是有了缘分生活才会精彩，而是你自己的生活精彩了，才会吸引缘分。

愿你能早一点明白，对于长久地维系一段亲密关系而言，好的性情比好的外貌重要，反思自我比洞悉对方重要，修养品德比掌握技巧重要。

对于获得更多的人生的满足感而言，成就一个自强独立的自我比成功地维系一段亲密的两性关系更重要。

无论你将来会遇到一个什么样的人，过上一个什么样的生活，生活都是先从遇到自己开始的。

* * *

还记得吗，在电影《剩者为王》里，女主角特别特别想嫁人的时候，自己一个人去试了试婚纱。

瞧，这世上哪里会有人喜欢孤独？只不过是选择的路不同，承受和换来的东西也不同罢了。

有些人，尤其是优秀的人，他们单身并不是因为什么不敢再爱，不是怕受伤，也不是还忘不了谁，现实生活里哪来那么多爱情剧本里的狗血原因？无非就只是因为还没有碰到一个真正让其心动的人。能陪我走一辈子的人还在路上，在那个人来之前，我不怕孤单，宁缺毋滥。

这样的人，能够做到关注自己的内心多过别人的评判，不愿勉强和委屈自己，有对抗周遭舆论的勇气。他并不一定要追求完美，只是想要找到最想要的那个，没有就等，宁愿空着缺着，也不愿意随便将就。

在这个暧昧比恋爱更加泛滥的年代，单身其实也是一件很奢侈的事——我不担心相见恨晚，好听的歌不怕老，值得的人无论多久我都愿意等。

其实，单身是一种与自己的等价交换，你用独自吃饭、睡觉、逛街、生病了一个人打吊瓶的代价，换来你可以一觉睡到自然醒，以及说走就走的逍遥自在。

而婚姻却是与另一个人的等价交换，你用忍受老公犯懒、孩子哭闹、老人要照顾、一地鸡毛蒜皮的成本，得到围城里的相互扶助照顾，有人为你遮风挡雨。

在这个世界，孤单永远与自由并存，依赖也永远与束缚同在。

* * *

我听过一个博导的讲座，老师讲：

男人的阅历、责任感、成熟，跟年龄没有太大关系，跟他的经历有关。时间久了，你会发现男人的长相和甜言蜜语并不重要，重要的是承诺能否兑现。这个世界上真的没有完美的婚姻，无论你和谁结婚都会有后悔的冲动。

有钱的没有时间，有时间的没有钱；长得好看的诱惑多，长得丑的自己看不上；老实的人，你觉得无趣；有趣的人，你可能觉得他比较懒。

就算和你爱的人结婚了，你能爱他多久呢？这也是一个问题。那些婚姻幸福的人，并不是找到了一个对的人，而是彼此都选择看见了对方好的一面。

同理，这世界上，就没有完美伴侣这回事。

任何事物都具有两面性，何况是人这么复杂的动物呢？说得直白点就是，你男朋友身上有多少优点，就会对应有多少缺点。

比如一个温柔体贴、对你言听计从的伴侣，他的那份体贴的背后也许是内在的软弱。因为从小有个强势的妈妈，让他习得了通过迎合、讨好去获得爱的生存策略。

这样的人，大概率害怕矛盾冲突，扛不了大事。

比如，他做事雷厉风行，拥有权力和金钱，能满足你慕强的心理。但你想想，他是蹚过多少泥泞、遭了多少绊子，才一步步爬上去，才获得今天的财富的。

这样的人，往往心机深沉，在终身伴侣面前，也不会以单纯的心态来面对，他对你多半是话里有话，试探多过坦诚。

当你选择一个人，你必须知道获得的背后需要付出什么。

不要幻想可以轻易获得一个人全部的爱，我们应该去做的是，去交换。请你好好想一想，你看重什么，需要放掉什么，心甘情愿地与自己的欲望、幻想、不完美和解。

其次，无论你和谁结婚，其实都是和自己过日子。

你发现没有，你的追求、梦想、痛苦和快乐，很多时候别人是无法感同身受的。婚姻当中不幸福的原因，很多就是因为你总以为现实应该和你想的一样。

你老是想着去改变对方，结果改变来改变去，却发现一点用都没有。

婚姻也好，恋爱也罢，要培养的从来不是别人，而是自己。

越优秀的人越能吸引到优秀的人，而是否优秀，由外在价值及内在价值两部分来判断。

这个世界，外在价值能让别人喜欢你，但只有内在价值能让人爱上你。

患得患失，控制欲强，频繁查岗，嘴硬心软，得理不饶人，这些行为不代表你外在不优秀，但可以折射出的是你个人内在能量并不高。

搞事业需要能力，爱情同样需要。

指望婚姻或爱情帮你解决内心焦虑及不自信问题，单纯抱着索取的心态，即使让你遇到了爱情，也难以驾驭。就像一个不懂开车的人，强行上路，最终只会翻车，酿成事故，害人害己。

你会遇见什么样的人，取决于你内在能量有多高。这不是玄学，而是科学。

* * *

每个人都在反复讨论，该不该结婚，结婚会让我们抛弃什么、损失什么，但仔细想想，那些都是结婚的条件，不是结婚的理由。

也许结婚并不需要理由，那么不结婚也是同理。

没必要纠结，只需跟着你的心走。结婚很好，但不结婚也没错。

是否为独立女性和是否结婚没关系，别被世俗的流程影响。你首先是一个人，你具备自主选择权——是否自愿成为谁的妻子、谁的妈妈。只要你能承担每一种选择所带来的后果，甜蜜或焦灼，后悔或庆幸。

两个人的时候，好好相爱。

单身的时候，好好享受单身。

呵护好自己的内心和家人。受伤时，安静下来，自我疗愈；快乐时，与人分享，共同喜悦。

我们一起去过一种寻常的人生，拥有平静的心态，把普通的生活过出属于自己的特别，就已难能可贵。

15

那些不知当讲不当讲的话，我劝你咽回肚子里

—

现代社会，我们是看不清彼此的。

大家都是碎片化、面孔化的。

我们看不到一个完整的人，

都是瞎子摸象一样地以一个片段去判断这个人。

正因如此，

我们连自己都无法全然了解和掌握，

又怎么可能奢求去完整而客观地看待别人呢？

所以，人与人之间要保持一定的钝感、敏感和分寸，

才能和平共处。

* * *

世界上没有永远的朋友，就像没有永远的敌人。

成为好朋友的前提条件，不仅是志同道合、三观一致，还需要彼此有独立的生活空间，以及适可而止的沟通。

成年人的分寸感是一种点到为止的默契。

我说我有事，你不要问我什么事；

我说我在跟人吃饭，你不要问我跟谁吃；

我说我在陪一个朋友，你不要问我是男的女的……

要是能说，我可能早说了。

倒也不是不能说，我可能不想说。

倒也不是不想说，我可能只是不想跟你说。

生活轨道有交集，才有机会成为朋友，但只有保持平行，才能走得更远。人与人之间的交往，需要适当的距离。

有氧气，才不会窒息。

* * *

缺乏适度的敏感力和分寸感，就会一不小心沦为别人眼里的“讨厌鬼”。

前几日，朋友生日聚会，其中有位女孩应该是跟着朋友第一次来，跟大家都不太熟。其实熟不熟倒也无所谓，大家都是成年人，慢慢会热络起来。

按照正常的流程，一般是酒过三巡，兴致已高，大家会转场酒吧，听听歌，喝点小甜酒，分享一下彼此的生活近况，聊聊时事新闻，谈谈人生梦想。

但这女孩有点不按常理出牌，甚至可以说是冒昧。

到了酒吧才刚落座，她就格外热情地叫着这个姐姐、那个妹妹的，还过来拉我的手：“姐姐，我听说你是写书的，好厉害啊，我从小就羡慕能写很多字的人。”“你能给我签个名吗？签在我衣服上，我也有文化圈的朋友了。”“我们加个微信吧，想看看作家的朋友圈。”

说实话，我是个资深社恐，一时间被她搞得也有点不知所措，但我还是尽量附和她，一是想她年纪还小，可能真的就是爽直罢了，二是不想破坏那天的聚会气氛。

谁知是我太单纯了。又过了十几分钟，她就开始畅聊起了自己的私生活，比如现任是她如何从其他女孩子手里抢来的，喜欢一个乐队的鼓手，于是谎称自己是对方女朋友冲到后台要微信……她说得激情澎湃、津津有味，我们剩下的一桌人面面相觑，满脸问号。

这就是典型的交浅言深，实在是太可怕了。

我当时满脑子只有一个念头，快吃快喝，赶紧撤。

* * *

大家为什么都不喜欢交浅言深的人呢？

因为成年人是有“自我保护机制”的，对陌生人有所保留，对自己有所保护。

不顾场合、不管分寸，上来就掏心掏肺恨不得把家里银行卡密码都说出来的人，就属于一见面就开始裸奔的选手。而且究其本质，交浅言深的人大多是过于迫切地想要讨好对方，过于迫切地想进入对方的亲密半径。然而感情的积淀是个循序渐进的漫长过程，拜托，大家连对方的素颜都没看过，连微信表情都没交换过，有什么资格掏心掏肺呢？

很多交浅言深的人不仅不愿承认自己存在这个问题，还会美其名曰：“我只是比较外向热情，是你们太冷酷了。”

在这里，我们有必要明确一个概念，热情外向和不懂分寸完全是两回事。

分寸感虽然是一个很虚无的东西，它看不见摸不着，你也很难给它下个定义，但能把握好它的人才会受欢迎。毕竟分寸感是和舒适感紧紧绑在一起的，而人际交往中，最高级的状态就是，时时刻刻都能让身边的人觉得舒服。

交浅言深的人最容易让人觉得不舒服，因为他们看似“毫无保留”地交付自己的行径往往会给对方带来一种隐隐的压迫感。

“我都说了这么多了，你们好歹给点反应啊。”

“我这么声泪俱下，你们怎么可以如此冷淡！”

大段大段倾诉背后的实质是逼迫对方与之共情。但共情这件事吧，两个情绪完全不在一个频率上的陌生人又怎么可能轻易达成呢?

周国平说：“分寸感是成熟的标志，人际交往要懂得遵守人与人之间必要的距离。”

在生活中，对社交距离的把握往往会暴露一个人的修为。口无遮拦的人缺乏自省和智慧；出言不逊的人缺乏换位思考和悲悯。

人生没有这么多一见如故和天雷勾地火的瞬间，切记别给自己加戏。

* * *

论坛上有个问题："你能接受男朋友和别的女生喝同一碗胡辣汤吗？"

点赞最高的两个回答：

"男朋友和胡辣汤都不要了，谢谢。"

"我能接受男朋友和别的女生同喝一碗孟婆汤。"

前几天，异地恋中的梦梦跟我吐槽。她下班去买煎饼果子的路上跟男朋友视频，先是看出男朋友在奶茶店门口排队，便没多问。

可是在视频的结尾，梦梦瞥见了男朋友的手中拎着一个女士包包，便追问对方在哪儿，和谁在一起。

"约了几个同事一起吃火锅。"

梦梦很介意自己的男朋友帮其他女生拎包，直接说出了自己的心里话，男生似乎没有察觉到她语气中传递出来的不悦，仍然说道："我就是帮个忙而已。"

即便是内心的不满翻江倒海，但梦梦也没有继续追问，她知道再多说几句，很容易让男朋友和同事们觉得自己在无理取闹、小心眼。

我很理解她的心情。在女生心中，让男朋友帮忙拎包是"女朋友的特权"，男朋友帮异性朋友拎包或许谈不上越界，或许真的就是帮个忙而已，但却在不经意间将“女朋友的特权”分出去了。

同理，这就是为什么女生讨厌男友的副驾驶坐着其他女生。

男朋友在朋友圈官宣恋爱消息，遇到事情会提前报备，常常分享生活的琐碎，这些都可以给女生带来安全感，但最能让女生安心的还是把握好与异性之间的距离。

男生当然可以跟异性朋友正常交往，但不能出现暧昧的行为；当然可以跟异性朋友吃饭，但不能为对方夹菜；当然可以跟异性朋友聊天，但不能事无巨细地分享生活。

爱情是有排他性的，这是每一个恋人都需要拿捏的分寸感。

恋爱中的分寸感是认清楚自己的位置，做恰当的事，并不等同于完全不社交，不让你跟异性接触。人和人之间存在着隐形的边界，需要分寸感来划分彼此关系的亲疏。

* * *

和有分寸感的人在一起，会让你拥有被妥当保护的安全感，没有患得患失，也不会辗转反侧。把握好恋爱的分寸感，才能好好地、安安心心地继续这段感情。

聊到前任的敏感话题，你感受到对方不愿回忆起过往的记忆，于是没有打破砂锅问到底，而是悄悄转移了话题，你明白没必要跟对方的过去争风吃醋。

涉及家庭的隐私问题，他捕捉到你欲言又止的表情，于是没有继续追问，而是说：“没关系，等你想说的时候再说吧。”

你们向彼此倾诉心事，也会耐心倾听彼此的烦恼，然后给出适当的意见，但从不会自以为是地冲着对方嚷嚷，更不会总将所谓的“我都是为了你好”挂在嘴边。

什么话该说，什么话不该说，什么事能做，什么事不能做，你们都心知肚明。你们保持着合适的边界感，内心的安全感也被慢慢填满。

恋人之间最好的分寸感，大概就是不互相干涉、不互相揭短、不互相伤害，但却彼此依赖、互相扶持着往前走。

相爱是不够的，还要爱得恰如其分。

* * *

任何关系无论多亲密，但凡界限消失，必定让一个家庭矛盾长久累积，即使是出于善意，也会让家庭关系陷入僵局。

看过一句话：“爱孩子是一种本能，尊重孩子是一种教养。”

深以为然。

缠绕许多为人父母的人的一个“恶疾”，便是以爱之名，行无语之事。

这几天看到一个新闻，四川泸州，一个女孩刚从外面回来，看到自己的个人档案袋在桌子上，竟然被妈妈私自拆开了。女孩气得又哭又吼，从视频都能看出她当时的焦急无措。

这个妈妈却转头把视频发到网上，“无意拆了大小姐的档案袋，急得哭起来了，吓得小的站着不敢动”。

这便是一个母亲犯了错之后的态度。

对档案袋上的“严禁私自拆开”视而不见，而后用轻飘飘的一句“我又不晓得”来解释。岂不知因为自己的行为，会给女儿造成多严重的影响。

个人档案袋里面，装的是一个学生的毕业登记表、成绩单、在校的所有经历……一旦私自拆开，真实性和有效性便不被认可，以后考研、考公、找工作都是会被影响的。

比无知更可怕的，是对孩子隐私严重的窥探欲，是永远学不会对孩子的尊重。

很多孩子的痛，是不能上锁的房门，是会被翻看的日记本，是被硬拉着去剪短的长发，是被偷偷扔掉的小说，是被撕碎的歌词本，等等。

一位心理学专家曾一针见血地指出："中国父母跟孩子的最大矛盾，就是边界感不清晰。"家长什么都想管，什么都要过自己的手。可这在孩子眼中，不是关爱，而是伤害。

不要把"你有什么东西我不知道"作为不尊重孩子的借口；不要用"我都是为了你好"作为自己越界的理由。

任何一段关系，因为边界感缺失，都会生出无限烦恼和内耗。唯有亲疏有度，方能久处不厌。

家人也不例外。

* * *

有分寸感的人不会让人难堪，不咄咄逼人，不斤斤计较，与这样的人相处更舒服。

跟没分寸感的人相处，你就得随时准备糟心了，他们说话不懂得考虑别人的感受，只顾自己一时痛快，很容易让关系陷入僵局。

其实，一个人有分寸感，就是懂得换位思考，懂得为他人着想。

分寸感是成年人最高级的修养。

无论朋友、爱人还是亲人，把握好分寸，都是对彼此的尊重。

互相尊重的关系，才能使彼此更轻松愉快。

做一个有分寸感的人，懂得自己在他人心中的分量，懂得察言观色，懂得适可而止，也懂得自己想要的是什么，合理索取，不过分、不矫情、不歇斯底里。

这不是什么八面玲珑、圆滑世故，而是懂得尊重和善待他人。

现代社会，我们是看不清彼此的。大家都是碎片化、面孔化的。我们看不到一个完整的人，都是盲人摸象一样地以一个片段去判断这个人。

正因如此，我们连自己都无法全然了解和掌握，又怎么可能奢求去完整而客观地看待别人呢？所以，那些不知当讲不当讲的话，我劝你咽回肚子里。

俗话说，“距离产生美”，唯有这样，我们才能尊重自己在意的人，才能安稳妥善地保护好我们之间的感情。

16

你可以爱美，
但不必因此外貌焦虑

—

体重秤上的数字只能反映你和重力的关系，仅此而已。

它无法测量美、天赋、志向、潜力、爱和性格。

外界的声音都只是参考，

如果你因此不开心了，

那就不要参考了，

别让他人的评判干扰你做自己。

* * *

开篇先问姐妹们，你们会有外貌焦虑吗？

在我们这一代人十五六岁的时候，正是非主流的鼎盛时期。

那时候，女生都剪很厚的齐刘海，头发烫得直直的，拍照时把手比出 V 形。下课的时候，放眼操场，女生们都是流水线似的模样。可仍然有的姑娘，即便是在同样不合宜的齐刘海下，仍然让人无法忽略她精致的脸蛋，美丽得让人妒忌，比如茉莉。

和茉莉同桌的那个学期，常有同班或隔壁班好看的男生，从校外偷偷带回来炸鸡、果汁和零食给茉莉，托我转送礼物给茉莉，又或者是茉莉说晚自习她要溜出学校，让我帮她把风。

那些年，她的书桌里塞满了情书，而我的青春无人问津。

每个女生都会在十几岁的时候经历这样一个阶段，把有多少异性爱慕自己作为衡量自身价值的标准。所以那时候我偷偷学茉莉，学她把头发挽起，学她涂睫毛膏，学她在校服裙子下穿牛仔裤。

那时候的我真是很羡慕她，会暗暗自卑自己没有生得好看一点。

时间一晃到了今天，女性仍然为了证明自己“好看”而暗暗努力着。

我常常能听到身边的女孩子跟我抱怨：自己眼睛不够大，腿不够长，腰也不够细。自卑起来的时候，觉得自己简直亏欠全世界，欠世界一张美丽无瑕的脸庞、一个聪慧绝顶的大脑，甚至欠世界一个平和丰富的灵魂。

可是也许我们忘了，“美”“聪明”“精彩”从来都不是由别人定义的，而是应该由你自己来定义。

从相貌、身材、性格，到为人处世、恋情分合……好像女性无时无刻不在被社会审视着，也被同性在暗中观察着。

说句心里话，人无法摆脱环境去独立存活。

如果说针对女性的“容貌审视”是一个困局，无可否认，我曾经也深知自己就在局中。出门必须化妆，如同强迫症一样，还要根据今天的妆容搭配衣裙、鞋子和饰品；要发朋友圈先拍照 50 张，精选 5 张，逐一修好图，最后发出去 1 张；跟朋友聚餐，会不自觉地打量其他女孩子的口红色号，如果她的睫毛刚好是我喜欢的翘度，那我翻遍购物软件也要找到同款睫毛夹……我为了“看起来美”而装扮，可是后来我会思考，所谓的“美”，到底是谁定义的呢？标准又是什么？双眼皮多宽才算美？腰围多少才算瘦？

怀揣着对美的追逐与向往，颤颤巍巍地与自己的“不漂亮”对抗，是大多数女生成长的必经之路。

* * *

时尚博主里有一位很特别的姑娘——Margaret Zhang（玛格丽特·张）。

这个生活在澳大利亚的亚裔女孩，身材娇小、皮肤黝黑，和亚洲人的审美相去甚远，却凭借着自己独特的时尚触觉和阳光自信的态度，让人过目难忘。

作为一个时尚博主，她高中时就开始打造自己的时尚网站，那一年她才 16 岁。

作为一个摄影师，她拍各种美景和各种美食，出色的摄影作品令人欣喜。她给倩碧做形象代言人，素颜、白衫，像个未经世事的学生；她给施华洛世奇拍广告，站在超模米兰达·可儿的身旁，从容淡定。

看她的照片，你就会发现，这个姑娘的眼角眉梢、一举一动都带着一股不容置疑的自信，甚至是“自恋”。她是真的爱自己，才能在镜头前表现得那么自然，就算气场强大的超模都无法掩盖她的光芒。

她是最完美的那个吗？不是。可她一定是人群里最能发现自己美的那个女孩。

自信，是她最好的化妆品。

伤害我们的从来不是事情本身，而是我们对事情的看法。

不是鼓励你们不要瘦，只是自信、美好与你是体态轻盈还是丰腴有料并没有必然联系。

胖子的灵魂从来都不卑微，体型不需要刻意改变，需要改变的是我们对待胖这件事的态度。

胖女孩也可以穿裙子，长相普通也可以自拍，又瘦又好看的女孩子太多了，做你自己就好了。

作为一个年少过也胖过的人，我有必要提醒那些所谓的‘胖姑娘’，没有必要为自己身上的任何一块肉感到羞愧，更没必要向任何人道歉。当我们学会接纳自己、不跟自己较劲、不找自己别扭，我们才可以在命运的长河里，离幸福更近一点。

身体是我们灵魂的容器，我们与自己肉身的缘分不过短短几十载。

从这个意义上来讲，它是我们的合作伙伴，不是我们要征服的对手，我们要学的是试着与它和解，而不是战胜它。

外界的声音都只是参考，如果你因此不开心了，那就不要参考了，别让他人的评判干扰你做自己。

* * *

长相重要吗？重要。

身材重要吗？也重要。

我在策展团队短暂地做过一段时间助理。当时的同事早已没有联系，也忘得七七八八。唯有艾莉，我至今没事儿的时候还会去翻翻她的朋友圈，她还是美得那么高调、那么让人嫉妒。

她刚来公司的时候，所有人都说她是老板请来的职业花瓶，业务能力一般，脾气也不随和，当时没少在部门树敌。

即便大家当她是草包美女，可每次展会，老板都会让艾莉去现场，给她锻炼和认识业内大佬的机会。因为这样，茶水间有不少关于她的香艳话题，“关系户”“富二代女友”这样的标签轻易就被挂在了艾莉身上。我只是听听不说话，因为我总觉得这个女孩的眼神里有自己的光，不是那些标签所能扑灭的。

后来听说她有了几次漂亮的项目案例，便迅速跳槽到业内知名的集团。有人说她攀上新关系了，有人说她能力不行，早晚露馅，也有人说她“持靓行凶”维持不了多久，等等。

她根本就不在意流言蜚语，头也不回地就走了。

后来有一次，我幸运地跟几位前辈交流，尽管我感觉自己那天已经把社交能力值拉满了，还是免不了成为人肉背景板。

结束时，一位老板问：“你们公司的艾莉怎么没来？她每次说起自己对行业流行趋势的预测，都头头是道。她还知道很多国外展会的亮点和创意，听起来特别有意思。”

原来，我和艾莉之间，差的不仅仅是一张漂亮脸蛋。她有我们忽视掉的能力，她在我们看不着的地方默默努力着。

其实想想，他们所谓的艾莉业务能力不行，不过是因为起初艾莉刚刚转行过来，很多新东西要学，可是同样的错误她似乎没有再犯第二次。

美貌有用，可单纯的美貌不仅不能成为你职场的利器，还可能会招来恶意。它就像牌桌上的 Joker（王），你手里不能只有这一张牌，要搭配其他牌，才能打出王炸。

* * *

前阵子看过一部独白剧——《听见她说》。

女主人公每天都会花很长时间照镜子，看镜子里的自己，哪儿哪儿感觉都不好看，于是每天都会画着大浓妆来掩饰自己的缺点。她打开美图秀秀，拍几张好看的自拍，精修一小时，发一个朋友圈，看着蹭蹭上涨的点赞数和一条条夸自己的评论，整个人会突然变得很开心。卸了妆之后呢，看着有太多缺点的自己，一下子心情又跌落到了谷底。

这让很多女性都在此片中找到了共鸣：我二十多岁的时候，也每天都觉得自己满脸是缺点。

如今，特长、证书、KPI（关键绩效指标）、年薪等成了衡量一个人是否获得世俗“成功”的重要标准。这种“不优秀不配活”的思维方式，又如同鞭子一般鞭策着所有人咬紧牙关，悬梁刺股地去为这些标准奋斗终生。在同样功利的氛围之下，女性往往又比男性多一重标准：相貌。

这种标准，从某种意义上又可以说是“枷锁”。

对女性的美貌、颜值、性格的规限，简直充满了令人窒息的条条框框：天鹅颈、巴掌脸、A4 腰、筷子腿……

这些难道就是所谓的美的标准吗？

人不能这样被粗暴定义，因为人不是商品。

作为女性，我们应该拒绝被定义。我们是漂亮的，我们可以是瘦的、胖的、高的、矮的。漫画腰当然也是美的，可我们作为普通人，倒也不必把这种美作为唯一的标准。

* * *

近几年被推崇的“白幼瘦”审美，想想是很反人类的。

我们本质就是黄皮肤的人，哪怕是小麦肤色，这都是很正常且健康的皮肤，没有必要一味追求白。再说“幼态”这件事，我们成年女性的容貌和体型怎么可能会像十几岁时一样呢？当然，一定有天生可爱瘦小的女生。

在希腊神话里，代表爱与美的女神阿芙洛狄忒，她的石像也是有小肚腩的。

只要在健康的前提下，你怎么样都是美丽的。

在这个“什么都看脸”又强调“存在感”的时代，女人的美貌早已被妖魔化。以为别人夸一句貌可倾城就真的能倾了人家的心，其实哪里知道，悦目未必赏心。再美的皮囊也抵不过你心中滚烫的灵魂。

除了极个别一出生便注定是人生赢家的幸运儿以外，绝大多数平凡的我们，必定要在无数个低谷里同绝望拼个你死我活，再一步一个脚印地走出来，才能将自己想要的生活紧紧握在手里。

你长得美或者普通，是不会对你的人生起决定性作用的。

不过好在如今很多女性已经不被偏颇的潮流审美所左右，而是更倾心于那种骨子里所散发出的魅力。这种魅力是没有一丝哀伤的气味侵染在身上，是带着一股朝气和“我不认命”的倔劲儿，是拥有自己的特性和风格，是在人生的洪流中脱离庸俗的高级感，亦刚亦柔，亦庄亦谐。

这世上从来就没有“不老的神话”，岁月是公平的。

不管你是五官精致、长腿翘臀，还是肤色暗淡、腿粗微胖，每个人脸上的胶原蛋白都会慢慢流失，打在你们身上的风风雨雨都不会少，是活成被人心心念念的奢侈品，还是三分钟热度的“花瓶”，全在于自己。

那句已经被人们说了不知多少年的“女为悦己者容”也是时候该换一换了，应该换成“女为己容”。

* * *

“生性爱美”的意识在任何时代都不会消失，但慢慢地你就会明白，再美好的容颜，若没有丰富的内心和练就的本事做支撑，迟早都会失去它的意义。

只有一颗对世界充满好奇、自信又倔强的心脏，才会让你从内而外散发出光芒，那并非来自岁月的眷顾，而是你内心底蕴的厚度。

变美的方式不只是从外貌上改变这一种，还有读书、运动、旅行等多种方式。也许我们没有让人一眼万年的外貌，但我们可以有让人耳目一新的有趣灵魂。

我们活着不是为了成为谁，而是为了成为无可替代、独一无二的自己。

我也曾经很伤心地仰慕着别人的完美脸蛋和纤细身材，觉得自己如丑小鸭一般平庸。直到工作后这几年，靠写作养活自己后，才发觉老天还不算偏心，至少没有忘记分给我这一点点天赋。

直到现在，我依然羡慕那些脸蛋自带美颜效果的姑娘。不能否认，生活对于那些长相漂亮的人来说也许会更容易些，可是这种漂亮与你生活得是否幸福、是否坦然淡定、是否有声有色关系不大。

没必要为那些所谓的美的标准而焦虑，要保持自己的清醒与理智。

反容貌焦虑最好的方式，不是盲目地认为自己很美，而是发自内心地承认自己不够美，接受自己不够美，转头去修炼那些岁月带不走的内在价值。

生命是属于每个人自己的感受，不属于任何人的看法。你不必以别人的标准强迫自己，别把别人的要求强加在自己的身上，做自己就好，自己活得舒服活得自在就好，我们有选择做自己的权利与自由，不需要盲目从众。

没有谁可以规定你要活成什么样子，你想以一个怎样的姿态在这个社会立足，从来都是由自己决定的。

你可以爱美，可以继续关注那些美妆博主、穿搭博主，去钻研“伪素颜”“高颅顶”“直角肩”等悦己小技巧，但不要为此焦虑。

我们的价值绝不在于容貌或体重秤上的数字。永远别放弃对这个世界的好奇和探索，认识到自己独一无二的美时，我们才真正成为这副皮囊的主人。

体重秤上的数字只能反映你和重力的关系，仅此而已。它无法测量美、天赋、志向、潜力、爱和性格。

17

哭一哭，是最低成本的松弛

—

知乎上曾有一个提问：

为什么现在的成年人越来越不敢表露自己的真实情绪了？

因为他们只把自己当成年人，

却没把自己当人。

你那么爱逞强，

是在扮演钢铁侠吗？

* * *

8月，我来北京出差，找小姨妈一起吃晚餐。

辈分上，她虽是长辈，可我们两个年龄却相仿，并且一起长大。

我们饭后散步聊天，从三里屯最繁华喧嚣的路段北行，一旦过了东直门外大街，便自然生出一种僻静悠远之感，接着再走，就会遇见往两边延伸的东五街和西五街。

今年的北京，异常炎热。

小姨妈今年跳槽到优酷任职，开始走职场精英风，整个人精致得宛如一板一眼的画报。

虽然在北京还是租房，但小姨妈的工作能力却是顶级的。走着走着，她突然说："这两年我感觉自己过得很孤独，有时候半夜醒来会觉得全世界只有自己，那一刻，我吃力而孤独，甚至难受得哭过。"

孤独到哭，这样的感受我没有体会过。当时我静静看着她，似乎也能想象她所经历的，周遭一片漆黑，心里空空荡荡。

* * *

上个月，因为并行工作太多，小姨妈在协调过程中把一部分工作交代给了实习生。可实习生竟然忘了对接一位嘉宾的时间，最后临时打电话过去赔礼道歉。

这当然不算完，领导知道后大怒，把小姨妈叫到办公室，明确表示要扣掉她的季度奖金。为了不让实习生丢掉工作，小姨妈扛下了这个“锅”。尽管这个项目她尽心尽力负责了两个月，但无奈，这个致命的错误同样必须还得由她承担。

成年人嘛，背锅这种事肯定不是第一次，也不会是最后一次。她心中堵闷，当天下班后回到家，难过得没心情吃饭。

晚一点，她给家里打了电话，声音哽咽。

家人的安慰方式是：谁在职场里不受点委屈呢？比你辛苦的人多了，都多大的人了，还哭？

晚风吹着小姨妈的头发，我抬手将头发掖在她的耳后。

这件事如今已经翻篇，可是说起来，小姨妈的语气里，仍藏不住失落。意难平的不是职场小事故，而是不被理解、不被允许哭泣的心结。

为熬了几个大夜却夭折的项目难过，为一篇耗费了精力却被否决的稿子难过，为计划好的旅行却突然被取消航班难过，为好不容易攒够钱却已经卖掉的裙子难过，为准备了半年的舞台剧却在演出前摔伤了脚踝难过。

哪个比哪个更值得哭一场呢？我们是断定不了的。

难过是没有比较级的。“我现在很痛苦”和“还有比你更痛苦的人存在”，这两者之间完全没有关系。

* * *

潇潇姐半夜1点多打电话来，一开口就哭了。

“我不过是想要个宝宝，怎么这么难？三次试管婴儿都失败了，花钱遭罪我认，可为什么不能换个好结果呢？”说到最后，潇潇姐号啕大哭。直到她哭累了，去睡了。

因为担心她，第二天我约了她，在她公司楼下一起吃午饭。

我坐在靠窗的位置，看见潇潇姐和几个同事一起从写字楼里走出来，浅色西装配细跟高跟鞋，干练明快，笑意盈盈。

“看见你，我就放心啦。”

“昨晚谢谢你，如果不是跟你说说，我感觉自己一分钟都熬不下去了，也就能跟你说说。”

“别这么说，心里难过别憋着。”

“心里还是难受，但我还是要打起精神，今天一天的会，还要见客户。至于孩子，顺其自然吧。”

她脸上透着壮士般的毅然，再也不是昨夜那个崩溃得体无完肤的小女人。

看着潇潇姐，我想起之前有个朋友在失恋后发了一条悲观伤感的朋友圈。这倒也没什么，谁不想身边能有几个知冷知热的朋友给点安慰和陪伴？好像有人分担着，心酸痛苦也就没那么难熬了。

可是过了十几分钟，她却默默地取出手机删除了当时的那条状态，并跟我说，以后这样的事情再也不会发朋友圈了。

“为什么？”

“成年人了，发这些太矫情了。”

我一阵心疼，到底是从什么时候开始，我们连大大方方地难过都成了一种奢侈？难过想哭是一件丢人的事情吗？

几岁、十几岁遇到龃龉坎坷的时候就可以发泄，但成人了，进入社会了，就必须关闭流泪功能，握住拳头，就算心中滔天的悲愤委屈扑面而来，也只能恶狠狠地咬着牙，告诉自己，你是一个大人了，必须像一个铁人一样去战斗。

网上曾有一个提问：为什么现在的成年人越来越不敢表露自己的真实情绪了？

因为他们只把自己当成年人，却没把自己当人。

* * *

生而为人，我们本来就有七情六欲，任何一种情绪都是正常的存在，不会因为你年龄的增长而显得不合理。

有人欺负你，不尊重你，甚至踩着你的底线挑衅，你有生气的情绪再正常不过；有人不在意你、冷落你，你难过沮丧也很正常。你并没有走到街上，见人就打，见店就砸，怎么就不能有小情绪呢？

真正的情绪管理不是稳定和控制，而是能够包容自己五颜六色的情绪，懂得合理释放出来，再恢复平静，自洽，和解。

不管今天过得多么糟糕，哭完喊完闹完，记得认真卸妆，洗脸冲澡把头发吹干，舒舒服服地钻进被窝，醒来又是一个明亮的早晨。

任何时候自己的感受都是最重要的，尊重自己的一切情绪，才是把“真正做到爱自己”落到实处。

很多人都说，成长是把哭声调成静音的过程，可我觉得成长是一个把难过缩短的过程。毕竟人并不是因为强大而刀枪不入，相反，人往往是因为强大而敢于脆弱。

毕竟每个年龄都有每个年龄相匹配的烦恼，无论如何，它都会在那个年纪，安静地等着你，从不缺席。对于那时的挫折和痛楚，你要学会的是接受和坦然面对，去承认自己的脆弱，接受自己的不堪，你要敞开心扉地容纳它们，告诉自己，它们都是你生命里的一部分。

哭一哭，真的是最低成本的松弛。

这几年，我一直在寻找具体治愈的办法，最终发现，还是要用眼泪来了结，最彻底、最痛快。

在世间摔打很多年，愿你我依然还有被感动的能力、流泪的能力、脆弱的能力，以及能永远温柔地看待这个世界。

18

能赚钱和不脱发，是成年人最后的防线

—

没有人会为你的人生负责到底，
父母不行，爱人更不行，
他们最多也只能陪你走一段路。

这漫长的人生里，
你才是自己的那盏灯，
金钱也好，才能也罢，
都是灯芯，
是让你更加明亮且有安全感的东西。

* * *

周末的时候，我跟编辑约在咖啡馆小坐聊天。

“你觉得现阶段，什么事情比较难？”

“还不是掉头发和赚钱嘛。”

她明显没想到我会这么回答，我能理解，大概她以为我会说出一些更漂亮或者更富有哲思的话。可惜我没有，我当下真实的想法就是这样。

过了 30 岁，似乎职场陷阱、家庭矛盾这些已经被我列为基础关卡，我有技能应付，我不再为可控的事情担惊受怕、惶惶不安。

恰恰赚钱和脱发，是我不可控的部分。

人到了一定的年岁就不可避免一定会遇到两个问题：

一个就是眼看着自己的发际线日渐后退，另一个就是眼看着自己的钱包越来越瘪。

不是凡尔赛，虽然这几年掉发严重，但我头发的“基础”蛮好，多且厚，所以大多时候，我想的都是：掉吧掉吧，别秃就行。

防脱我没有发言权，我们聊聊女孩子赚钱的事儿吧。

* * *

新闻里一遍遍播放着台风的实时消息，让市民们做好防范。

就在这样一个天气里，井井跑来找我，虽然分不清她脸上是雨水还是泪水，但她通红的双眼清晰可见，手里的雨伞被风吹得七零八落。

“我愿意和他一起吃苦啊，我相信会越来越好，他为什么要和我分手？”

“或许，他不愿意和你吃苦呢？”

晶莹的泪珠挂在井井圆润的脸蛋上，她抬头看我，悲伤、惊讶，然后惊醒。

那个时候，井井和男朋友租着800块一个月的北京郊区里的小平房。有次两人一起走在街上，男朋友指着前面那一对提着大包小包行李走在路边的情侣，对井井说，“你看，如果他们有钱的话，就可以直接打车了。”

井井很早就跟男朋友说，各种节日、生日都不要买礼物，现在两人的收入只够维持日常，不能有多一点的额外开销。可井井生日那天，还是收到了一款钻石项链。

直到几天后，井井收拾房间时发现找不到男朋友的相机了，才知道他是把自己喜欢的相机卖掉才买了礼物。

“井井，我们分手吧。”

井井难以置信，又觉得无从反驳。

井井男朋友从毕业后的每一步都是规划好的，刚毕业去什么样的公司，几年之后准备跳槽去什么样的公司。而井井呢，毕业一年后还晃晃荡荡没什么作为，在她的想象中，还存在着一种自由职业，可以不定时撰稿，让自己活得更自在些，怎么看都不像能跟他并肩向前走的人。

大家都不容易，你又怎么舍得让爱人和你一起承受生活的苦呢?

没有人会为你的人生负责到底，父母不行，爱人更不行，他们最多也只能陪你走一段路。

人都有自己选择的自由，而每一种选择，都是趋利避害的。我知道这听起来很功利，但却很现实。你得接受。

* * *

我想起在知乎上看过的一个故事。

一位网友说自己买了 YSL 口红的套装，里面有 10 支不同色号的口红。邻座是班上一个家庭条件不是很好的女同学，两个人平时玩得不错。女同学对口红很好奇，于是网友拿出来几支给她涂上试色。女同学涂起来很漂亮。

“那你选两支喜欢的，送给你，这么多我也用不完。”

网友完全是出于真心，没有炫耀的意思，可是女同学拒绝了。

清汤挂面的女孩可能只会习惯在角落里不出风头，可只要两片唇瓣带一抹俏丽的红，哪怕脸上只拍一层薄薄的粉，女孩们也能立马走路带风。她们像午后阳光下在树枝上摇晃的樱桃，每一寸风情都会拢住欣赏者的心。

过了两个月，那个女同学也买了一支一模一样的口红，那是她用每天中午和晚上去食堂当兼职的工资买的。

她涂得大大方方，明艳可爱。

这个网友说：“虽然是同一个色号，但不知道为什么，我总觉得她那支更好看。”

有时候，真正的鸡汤只有四个字：我买得起。

网络上有个段子：

一个女孩因为准备考研，每天 5 点去图书馆。男朋友觉得她辛苦，跟她说：“考不上没关系，毕业了我养你。”吓得女孩第二天 3 点就去图书馆了。

真好，越来越多的女孩开始清醒。

之前有个读者跟我说，她看见跟自己同一实习期的新同事交了个很有钱的男朋友，豪车停在公司楼下，会给她送香水、包包、化妆品，还租了 70 平方米的精装公寓。

当她还在为能不能转正而加班的时候，她的那位同事说实习不过是为了打发时间，很快就要去男朋友的公司上班了。

“特特，我也太惨了，自己实习期辛辛苦苦才赚 2000 元的工资，还是交个有钱的男朋友省力气。”

“你的同事是整天游手好闲，什么正事儿都没有的女孩吗？”

她沉默了一会儿说：“不是的，她很会打扮、会穿、会玩。实习期不忙，她会录美妆教程的视频上传到平台上，周六日还会和好朋友一起去探店，分享攻略。她发起了‘打卡 100 家咖啡馆’的活动，在网上很火。经常有供货商给她寄样品，想让她带货。可她没有因为佣金而失了底线，每样东西都要自己试用，选好物推荐。”

“那不就得了，你千万不要以为，只要给个跟有钱人结识的机会，就人人都可以嫁进豪门。即便她没有那个有钱的男朋友，也算个网络红人，经济独立。”

那位读者不再说话。

“亲爱的，你的同事只是运气稍微好一点，年轻的时候遇见了愿意给她经济安全感的人。如果他们是彼此的真爱，那应该祝福。根本不用比来比去，没意义。相信我，几年后，你再回头看看那些香水和包包，会觉得是太小的事儿了，那时候，这点小东西你根本瞧不上。与其哀叹自己遇不上‘有钱男朋友’，倒不如踏踏实实工作，让自己先变得有钱。”

这些话，我不知道她听进去没有。

＊　＊　＊

记住，谁有都不如自己有！

我身边很多个女性朋友都给自己买了房子和车，或是自己投资个副业，即便是贷了款，但那也有无可比拟的安全感。

你才二十几岁，一穷二白有什么关系？穿廉价的衣服，等拥挤的公交，租不起高档公寓也吃不起精致的西餐又能怎么样？

你根本不需要因为自己如今的艰难和别人的嘲讽而介意，因为总有一天，你会依靠自己成全自己的梦想。

你想想，你经济独立的时候，买一瓶几千块的精华奖励自己无可厚非。可如果你刷男朋友的卡，吵架翻旧账的时候，他呛你“你吃我的用我的，脸上涂的都是拿我的钱买的，还要怎么样”，我保证，你会哑口无言，完全没办法回击。

有人愿意为我花钱是好事儿，但不必强求，因为人只有在刷自己的卡、花自己的钱的时候才最有底气，也最安心。

每个人的“出厂设置”不一样，要面对的人生也截然不同。

活着最好的意义，就是拼尽全力，不断优于过去的自己。唯有跟自己比，才能体会到什么是进一寸有一寸的欢喜。

这漫长的人生里，你才是自己的那盏灯，金钱也好，才能也罢，都是灯芯，是让你更加明亮的东西。

* * *

年底将近时，和一个朋友聊天，我问她：“明年的目标立了吗？”

她几乎毫不犹豫地回答：“继续赚钱。”

五年前，朋友选择去了上海，从实习生到普通员工，到项目组长再到现在的小项目经理，拼命地赚钱。别人半年才能完成的项目，她只需花一半的时间便能完成。周末去奶茶店做收银员，或是坐几个小时的车去做家教，其中的辛苦只有她自己最清楚。

她引韩剧《灰姑娘与四骑士》里的女主角的一句台词自嘲道：灰姑娘哪有时间遇到王子啊？因为要忙着打工。

她说：“迪奥又新推出一套美白护肤品，瓶子晶莹剔透，让人一眼就爱上，我想把它摆在我的梳妆台上，那感觉肯定很棒。我这人其实蛮俗气的，我这么努力赚钱不过就是想把喜欢的东西收入囊中。”

很多人活得豁达、大度，买不买奢侈品、进不进高档餐厅一点都不影响他们的心态，但如果你恰恰喜欢“闪光”的东西，其实也没什么不好。

长大后的女孩子爱包包和高跟鞋，和小时候爱芭比娃娃、爱蕾丝裙本质上是一样的，都是想把心爱的东西捧在自己手里而已，都是少女心。

同学聚会的时候，关于自己今年赚了多少钱这个话题，大家会巧妙地避开，有时还会加上一句“钱不用赚得太多，够花就行呗”。只有她从不过分吹嘘自己赚了多少，也毫不掩饰自己赚钱的热情：“我还想赚更多钱。”

有人在背后说她年纪轻轻一身铜臭。她反倒觉得奇怪，努力赚钱怎么成了被鄙视的行为？她会反问：“那房子、车子、化妆品、饰品，都用什么买呢？天上会掉吗？”

如今的女性要的是钱吗？恐怕要的是尊严吧。

伸手去讨，亲妈也好，老公也罢，终有一天，会把自己的志气和情分统统讨绝。要得太多，那就自己为这份体面买单。

我对任何工作都没有鄙夷之心，对每一个靠自己努力赚钱的女孩都心生佩服。

不管做什么工作，只要她热爱、付出、坚持，那么就比那些碌碌无为还自我安慰的人要强一百倍。

当一个姑娘妆容完美、衣着得体地站在你面前时，她背后付出的，不仅仅是那些你不认得的瓶瓶罐罐，更是她为这完美的一切付出的时间和心思，也是她不想敷衍生活的态度。

* * *

赚钱是好事，但用钱来包装假精致这事，我们顺便来聊一下。

都说女孩子的脸是一张会说话的工资卡，我看过一个统计，说女孩们出门一次的必备物品：水乳霜、防晒、眼影、粉底、遮瑕、粉饼、睫毛、睫毛夹、眉笔、腮红、唇釉、鼻影、眼线、高光、修容……总计 4000 元左右。

如果按每个物品平均能用 100 次的话，每次化妆成本就要 40 元，这还不包括日抛隐形眼镜、美甲、护肤、做头发以及各种医美等。

这样看来，每次睡前洗漱，至少 100 块钱就随着卸妆膏一起飞走了。

有位女孩曾跟我坦言，自己实习期一个月工资 2000 元。

为了所谓精致的外表，她买了大牌精华面霜、日系防晒、知名彩妆的修容和定妆，以及阿玛尼全色系的口红，还有一系列同款香水等。

每月买完这些，仅剩的生活费只够囤些方便面、面包和廉价香肠。她已经很久没吃正常的炒青菜了。

这样看起来就很美很精致了？可惜并没有。

因为长期吃泡面，她下巴和两颊的痘痘疯长，加上熬夜、晚睡让她整个人虚肿。遮瑕膏换了一个又一个，还是掩盖不了脸上的痘痘，劳民伤财换来浮于表面的精致，值得吗？

钱包支配不了膨胀的欲望，苦苦追求，也是一种受罪。

“特特，我的生活失控了，我不能再这样了。”

她倒是个说到做到的女孩。痛定思痛，她把重复购买的化妆品放到了二手转卖平台上，并且开始调整饮食结构，以少油时蔬、鸡肉或鱼肉为主，吃得好又吃得饱。

每周一、三、五她都去公园慢跑或者爬楼梯，衣柜也断舍离了一番。

每天早晨起来摄取适量碳水化合物，午饭保持营养均衡，下午四点以后不再吃东西，甚至是过午不食。想喝奶茶，馋到不行就以一杯常温鲜榨果汁代替。

她这么坚持下来，结果皮肤好了，腰部紧致了，神采奕奕，反而真的精致了起来。

我非常赞同一句话："真正的生活，是在能力范围内享受到最好的，比平庸更讲究，比奢华更自由，不必等到一切准备就绪，但也不能透支未来。"

符合收入状况的、简约的消费观也能做到体面的精致，也能把生活过得有滋有味、大方得体。

真正的精致是顺心而过，而不是被挟裹在物欲横流中迷失自己。没必要的，人只要在经济能力范围内给自己妥妥帖帖的生活，就已经不容易了。

* * *

钱是成年人的防线，也是崩溃的导火线。

就在前几天回老家过年时候的同学聚会上，我又听到了谁和最好的闺密、最铁的兄弟因为钱翻脸不认人的事情。

阿影和冬冬是大学室友，那会儿关系好得逛街、看电影、喝奶茶都是两人行，就连去个厕所都要手拉着手。

冬冬被渣男骗了钱，阿影大半夜跑到男生楼下讨说法；冬冬大年初一和家里吵架，阿影开车去接她来自己家过年。

那时候的她们，好到让人觉得世界上真的有那种胜过爱情的完美友情。

有次冬冬周转不开，问阿影借了几万块钱，阿影心想冬冬刚刚实习，要租房要社交，肯定是要帮忙的，于是二话没说就转了账。

本来挺仗义的事，到最后闹得人仰马翻。

说是年前阿影这儿着急用钱，就问冬冬能不能先还 1 万元给自己应急。

冬冬一开始各种推诿找理由，后来电话不接，微信不回。阿影直接找到她家里，冬冬不肯开门，大喊:“没钱，你想怎么样就怎么样吧！”

阿影站在冬冬家门口，愣了很久，她不敢相信这是她以为的自己最好的朋友。

借钱的时候千恩万谢，还钱的时候千催百请，这种事情阿影确实听说过，只是真发生在自己身上，还是会寒心。

她是真的想不通，为什么那么亲密的人，在遇到钱的关口，会变得那么面目全非，陌生到让自己都感到害怕。

真正的人生，在遇到“钱”这玩意儿的时候，我们往往才会知道那些所谓的朋友、爱人甚至于家人，都可以现实冷漠冰冷到让人难以想象。

或许正应了那一句“同富贵易，共患难难”，多少曾经真挚的笑脸在遇到钱的时候分崩离析，多少曾经以为对自己掏心掏肺的人在钱面前失了踪影。

谈感情不一定伤钱，但是谈钱一定伤感情。

* * *

群里曾有个女孩真诚地发问：“我们女孩子究竟是为了什么要努力赚钱？”

大概是生存以上，生活以下，是我们大多数普通女孩的现状。

多一点资本，就少一点焦虑。这是我想到的第一个要努力挣钱的意义。

拼命向上，或许并不能真的上升一个阶层，但至少在人生曲折暂时跌入谷底时，谷底不那么黑暗，你也不那么害怕。

努力挣钱的女孩，也许并不能成为挣钱最多的、活得最舒服的，但是只要目标感明确，有一种欲望和野心始终在提着气儿，站起来，跑起来，这样的女孩，过得就不会差。

时代变了，再也没有谁为只想要最好的而感到羞耻。

每一个用努力、用劳动去赚钱、去改变生活的人，都是一个发光体。

钱赠予我们的，是我之为我的具体存在感与成就感。比如自信，比如自由，比如更多人生的可能性。钱是站在理想这边的，而不是其对立面。

19

这不是你梦寐以求的长大吗？你怎么愁眉不展

—

从前难过的时候，油盐不进，茶饭不思。

现在能一边流眼泪，

一边去厨房给自己下碗面，

还不忘加个荷包蛋。

所谓成长，

就是在人世间这个道场里的一场自我救赎与修行。

从“愚昧之巅”跌到“绝望之谷”，再慢慢爬上“开悟之坡”，

最后站到“持续平稳的高原”，这是漫长的成长路。

* * *

关于眼泪拌饭的经历，我相信很多人都有过。

之前看到过这样一条微博：也许只有一个人出门在外，才能体会到那种在地铁里眼泪止都止不住的委屈，也根本顾不上周围人像看神经病一样的目光。

成年人的崩溃不需要观众，人类的悲喜并不相通，这个世界从来都没有感同身受。

* * *

前段时间出差，活动结束后跟多年不见的好友约饭，她陪我住在酒店，我们像学生时代那样彻夜聊天。

聊到天光微亮的时候，她说："你这几年变化挺大的。"

"是不是更漂亮啦？我做了光子嫩肤，下次带你一起去。"

"哈哈，你以前特别理想主义，遇到一点不开心立刻爆发，碰上点不公平的事势必要讨个说法才行。现在的你，似乎变得温和平静了许多。"

"为什么会这样觉得？"

"看你朋友圈呗，你已经很久不在深夜发有关负面情绪的东西了。"

"嗯，不爱发了。"我轻轻叹了口气。

我的朋友圈：有落叶被踩得"咯吱咯吱"的秋意、把爪印按在我裤腿上的小狗，还有带爸妈出去旅行那天的白云、第一次做线下活动的海报，以及平江路上香甜软糯的桂花糕。

而这些的背后呢，拍路边的落叶的那天，我一个人吃了碗面，跟自己说“生日快乐”；跟小狗玩耍的那天，我用心准备了一个月的选题被驳回；旅行那天的云美得跟宫崎骏童话里一模一样，随后却是突然变天，因雷暴被困机场 6 小时；排队买桂花糕的时候，我收到了前任的结婚请柬。

我不过是把不好的那一面藏在了微信这个庞大的 APP 够不到的地方，然后一个人默默吸收罢了。

我望了望窗外，刚刚建起的高楼像是一把把矗立的剑，锋利无比，透着寒光。车水马龙的街道和立交桥，像是通往心脏中心的动脉和血管，输送着奔波忙碌的人们。

忘记从什么时候开始，我们很难从朋友圈中看到负面情绪。就算偶尔看到一条心情不佳的状态，过几个小时再去看，就已经被删了。更多的人会晒晒聚会，分享旅途美景，转些时下热点，说些不痛不痒的话。

或许每个人看似热气腾腾的生活，都隐藏着只有自己才知道的“不舒服”。

这些隐晦的情绪像是荧光棒，白天看不见，可到了晚上关上灯，就能看得一清二楚了。而无一例外的是，那个一身软肋无一盔甲的另一个自己，总会在第二天太阳升起的时候被删除，然后重新投身到熙熙攘攘的生活中。

快乐得不纯粹，悲伤得不彻底。

* * *

网上曾有一个讨论量颇高的话题："为什么越来越多的人，渐渐都不再发朋友圈了？"

好像确实是这样，点开好友的头像，很多都显示着仅三天可见，或者只剩下一条冰冷的横线。

我想这已经是很多当代年轻人的共性之一吧。不喜欢发朋友圈，发了之后会习惯性地设置为仅三天可见，甚至有的时候还不到三天就直接删除了。

很多时候，朋友圈是一个看似热闹实则又很冷淡的地方。

没有人关心你今天去了哪里，见了什么样的人，也没有人在意你穿了什么样的新衣服，换了什么样的新发型。

也许大家都各自忙碌着，无暇顾及你的心情，所以慢慢地，发朋友圈的人越来越少，仅三天可见便成了彼此共同的默契。

那些不发朋友圈，或者朋友圈仅三天可见的人，可能并不是他们为人冷漠吧。

相反，可能是因为他们正努力地活在当下，幸福也好，难过也罢，所有的情绪都可以自己独自消化。

小时候，我们总爱放大自己的痛苦，受了一点伤恨不得昭告世界。

现在，我们却习惯隐藏自己的痛苦，那些四下无人的难过、那些深夜失眠的辗转反侧、那些不开心的事和想要发泄的情绪，都被长大后的我们管住了。

朋友圈只甄选最上镜的那段日子，像是生活的剪报。在按下发送键的同时，那些几乎完美的照片已经替我们把糟心倒霉的破事一笔勾销。

生活不是糖罐儿，在我们那些小小的美好背后，是漫长的苦海。晒出的照片都是真的，可那并不等于生活的全部。

朋友圈就像是一个巨大的容器，它可以把我们的喜怒哀乐都装进去，却不能把真实的生活都装进去。

当一个人渐渐开始不发朋友圈，不是无话可说，不是怠于记录，而是静默地成长。如果你听到她哽咽，麻烦你捂住耳朵，替她戴上帽子，让她一直骄傲，一直漂亮。

* * *

看过一个征集：有什么事情是你以前羡慕向往，如今却发现事实并非如此美好的？

那些林林总总的留言里，有这样一条回答：“这不是你梦寐以求的长大吗？你怎么愁眉不展？”

这句话，戳中了我的心。

在少年时代，抬头张望外面盛开的花，觉得世界摇曳璀璨、声色俱全，等到可以走出去的时候，迫不及待地翻过那堵墙，连头都不愿意回。

后来才发现，世界的光鲜是真的，泥泞也是真的。

上天为我们安排这些磨难与挫折，并不是想考验我们能否一笑而过原地复活，太多的经历我们都不可能一觉之后便从容面对，这些磨难的安排其实是让你学会去承受痛楚，学会在困境中安然地成长，学会在逆风中继续前行，需要你做的只是走过去，既不丢盔弃甲，又不强颜欢笑地一步步安然地走过去。

无论你在那些突如其来的艰难到来时如何咬紧牙关，总会在某一个瞬间觉得难以抵挡。没关系，你可以在没人的地方痛苦一会儿。

任何寻求安慰的行为都不会让你成长，宿醉、旅行、痛哭流涕，甚至和朋友的促膝长谈，都只是让你感觉暂时心安。

成长其实是特别艰难的自省，你必须抛弃所有说给别人和自己听的漂亮话，正视你的无力与不可得，甚至一遍一遍被怨恨、愤怒及嫉妒撂倒。

然后你才能体会到，所谓成长就是在人世间这个道场里的一场自我救赎与修行。从“愚昧之巅”跌到“绝望之谷”再慢慢地爬上“开悟之坡”，最后站上“持续平稳的高原”，这是漫长的成长路。

走出痛苦的过程，是你跟你自己的博弈。

如果你太软弱，无法面对残酷的现实，那你就会一直被困在原地，陷在低落的心态里走不出来。向来都是强者打破重塑，弱者被动挨打。你永远无法控制别人，你只能控制自己。

眼睛长在前面，就是让你向前看的。

做一个随时准备和这个世界死磕的人，做一个哭完之后勇敢面对的人。唯有你为自己练就一颗耐挫力满格的心，才能在有风有雨、荆棘丛生的这一路，妥妥当当地保护自己。

与其为过去的人和事折磨损耗自己，不如好好哭一会儿，然后拍拍身上的灰尘，往下一个路口奔跑。

未来也好，远方也罢。

这条路，可能依然不好走，可能依然布满荆棘，同时也依然伴随着各种现实和现实里的孤独。

我们人生最重要的事，不是幻想着有个王子骑着白马来拯救我们，或者一个冰雪聪明的公主来安抚我们的心。

路还是要走下去的，靠着往日，靠着明日，靠着自己。

出彩还是出局，你得选一种。

* * *

小时候我们经常被问："你长大了以后要当什么？"

提出这个问题的人，期待的答案往往跟职业相关。

问题是，长大后，当我们进入一个更大的世界，当我们自己掌舵开船，步入大人的生活轨迹的时候，我们才发现"工作"只占据生活的一部分，我们还有很多其他想追求的东西，还有很多可以真正能激发我们创造力、热情和能量的东西，比如追逐梦想、搞发明创造、保持健康、环球旅行、跟爱的人在一起、做公益，等等。

当这些"其他追求"跟"当下生活"发生剧烈冲突，不断堆积的负面情绪像超声波一样，干扰你的心绪，搅得你不得安宁。

于是，学着跟不确定性、不如意、艰难相处，接纳一定的失望和缺憾，接受自己是一个普通人，自己的父母是普通人，接受以后自己的孩子可能也是个普通人。

理解世事是复杂多变的，明白世界上可能就不存在固定不变的东西，但依然有信心好好生活。也许这才是真正意义上的“长大”。

最酷的人生从来不是一帆风顺，而是穿越惊涛骇浪，在痛哭流涕后，抹一把泪水，对命运说：“你厉害，但我也不是好欺负的！再来，我们三局两胜！”

事实上，无论能人还是凡人，该吃的苦都要吃，该走的路一步也无法少。永远不要认为这个世界有什么捷径，也不要觉得自己应该这样应该那样，不断为过去的事懊恼、自责。

把精力留来读书、运动，奔赴想要的生活吧，把自己的宏大目标拆解，大目标拆解成小目标，小目标拆解成每天要完成的任务，接着静下心来，把每天该做的小事做好。

然后就是等，耐得住不断延长的时间线，交付出足够的努力堆砌在沉闷、晦涩的时光里。只有这样，岁月才能将“想要”一点一点交付到你手上。

走过心的人和事，终会内化成灵魂的一部分，而这一部分，能抵挡人生的孤寂无常。

20

压死骆驼的不是最后一根稻草，而是每一根稻草

—

如果青春必定疼痛，

宁愿是考砸后的懊恼、错失初恋后的眼泪、

年少的迷茫与成长的小哀愁。

如果青春必定疼痛，

那绝不该是校园欺凌。

* * *

校园欺凌是一个长期存在，且又至今没有一个好的解决方法的难题。

难在关于校园欺凌界定和处理上，施暴的学生并不知道自己的行为是恶劣的，是给别人生命造成阴影的，而被施暴的人，多半是软弱的。

在电影《少年的你》的开头，高考前学校里有个叫胡小蝶的女孩跳楼了，所有人都在围观，甚至拿着手机拍照，只有陈念走过去给女生的遗体披了件衣服。也恰恰因为陈念的这个举动，她成了下一场校园欺凌的目标人物。

我读过这样一段话：这个世界上就是会有人莫名其妙地讨厌你，明明没得罪他，他还是会处处针对你。如果问他为什么这么做，能得到的回答也只有“没什么，看他不顺眼而已”。

这段话同样适用于校园欺凌。

* * *

什么是校园欺凌？

有位挪威的心理学家是这么定义的：一个学生长时间并重复地

暴露于一个或多个学生主导的负面行为之下，就可以说是正在经历校园欺凌。

谈起校园欺凌，很多人都会以为，只有上升到肢体接触、冲突的行为，才算欺凌。但我想说的是，暴力绝不单单只有殴打这一项。

所谓的校园欺凌，根本不是小孩子之间的玩闹、推搡这么简单，它是长期的、隐匿的却具有压迫性质的。

校园欺凌可以分为直接欺凌和间接欺凌。

直接欺凌就是我们一贯认知里的肢体动作接触，而间接欺凌则表现为无接触行为的欺压、孤立和语言攻击等。

间接欺凌中最令人恐惧的，也最常见的就是孤立和排斥，教唆同学一起隔绝与一个人的往来。

就是你根本不知道自己做错了什么事，突然之间几乎一个班的人都跟自己疏远了。他们会偷偷地在背后议论你，等你走过去，大家便默契地都不再说话，看你一眼，然后散开。

我的一个读者跟我讲，她初中那会儿因为又黑又胖、长相一般，再加上不会拒绝人，没多久就成了班级里的软柿子，谁看见了都要捏几下。

同学想买零食，会大声叫她去跑腿；找她借钱，却因为她不小心碰了一下那个同学的蚊帐，就说钱不还了；她在寝室里永远是最后一个洗澡，其他同学没有热水就会用她的，所以她洗凉水澡成了常事；晚自习下课了会很饿，她买来泡面，宿舍其他女生全部都要一起吃，她每次只能喝点汤底；体育课回来因为身上有点汗味，同学就叫她坐到垃圾桶边上，说她和那里是最配的；室友会用她的毛巾擦桌子，还说“你的毛巾那么脏，我们都以为你不要了”。

“为什么不拒绝她们呢？”

“不敢，因为有一次我拒绝她们让我代替值日的要求，她们就说要找人打我。”

听她说完这些，我心疼得不行，却说不出一句安慰的话，感觉什么安慰的鸡汤都是凉的，只能逗她说：“哪天去报仇，记得叫上姐姐！”

这让我想起自己在读寄宿学校的时候，遭受过长达两年的冷暴力。那时候我太小了，根本不懂什么叫“欺凌”，什么是“暴力”。

班级一个女孩子总是无缘无故地欺负我，穿我的裙子，用我的生活用品。我的作业本她会使劲摔在地上，元旦排舞故意让我站在最后排。有男生跟我说话，她就会传我们早恋，老师批评还不够，还要找我的家长。她弄坏同学的文具，并扔在我的书桌里，让全班同学都认为是我做的。她动员全班女生都不要跟我玩，而女生们都怕她，也就都听她的。所以那两年的课间，我是没有朋友的。那两年的晚上，我都是自己跑去厕所，再跑回来。

我也是在很久以后才知道，那个对我“施暴”的女生来自单亲家庭。

那时候我们周一到周五寄宿，周六回家。家长来接我们的时候，她只是一个人在一边玩，没有人来接她。每周三我的父母都会来看我一次，我想这些都应该刺痛了她吧。

“我不好过，你也别想好过”，大概就是那时候她的心态了。

校园暴力很可怕，但在我看来，这种校园冷暴力更可怕。

* * *

看过一个报道，中国青少年研究中心针对10个省市的5864名中小学生的调查显示：32.5%的学生表示偶尔被欺负，6.1%的孩子表示经常被高年级同学欺负。

研究表示，欺凌受害者患上抑郁症的可能性是普通学生的4.8倍，自杀的可能性是普通学生的18.5倍。

现实中的校园欺凌，很多时候是没有确切缘由的。

我念高一的时候，隔壁班有一帮男孩子，总是指使另一个瘦弱的男孩干这干那，像喊一只宠物似的，那个男孩从来不敢反抗。

体育课上大家一起打篮球，从来没有人找他加入。有一次一个男生起哄，让他一起来玩。他一脸欣喜地跑进球场，想要去摸一下篮球，却被几个男生当成猴子耍。

那时我们班也在上体育课，我就站在栏杆的另一端看到这一幕上演。他两眼通红，攥紧着拳头却没有说什么话，也没有哭出来。

有一次我听班级同学说，他们在课间去卫生间的时候，看见那个男孩蹲在角落，低着头，浑身湿透，一言不发。

有人大笑着从他身边跑过，有人捂着鼻子避而远之，有人仿佛根本就没看见他。

没有人走过去问他需不需要帮助，没有人给他递过一张纸巾，没有人去告诉老师“有同学被欺负了”。

是的，没有人。这种场景，直到今天再想起，我都觉得好心酸。

还有一次，我和班长在走廊碰见他，见他一个人拎着六个水壶，便上去帮他。

他竟然急得快要哭出来了，说：“求求你们，别管我，如果被看到，他们会更用力地欺负我。”说完便加快速度跑远了。我和班长互相看看，谁都没有说话。

这个男孩在转年开春的时候，从我们学校的宿舍楼跳了下去，用极端的方式结束了自己的生命。

压死骆驼的不是最后一根稻草，而是每一根稻草。

东野圭吾的著名推理小说《恶意》中有一段话:“令他害怕的，并非暴力本身，而是那些讨厌自己的人散发出的负面能量。他从来没有想象过，在这世上竟然会有这样的恶意存在。”

有人会说，小孩子懂什么，带回家好好教育就行了。

说这种话的人，我劝你善良。耳光不是打在你脸上，真是不知道疼。

* * *

在校园欺凌中喜欢欺负同学的人，也就是施暴者，他们的残忍之处在于，心智未成熟的他们，没有怜悯之心，却有着畸形的心理和行恶行为。

这些人很多从小遭受过家庭暴力，在父母长期的争吵中长大，又或是从小没有在家庭里得到关爱，这使他们的内心有很大一部分是缺失的。在受教育的过程中，他们的这个问题也没有得到重视和心理疏导。他们通过欺辱、暴力对待其他同学，来获得某种满足感和存在感。

在大部分的校园欺凌中，那些“有点不一样”的孩子很容易成为被欺凌的目标人物。

比如，颜值特别高和外貌不符合大多数人的审美的女孩子，或者是身体有缺陷的同学；家庭背景特殊，如单亲家庭或父母的职业在别人看来相对比较低微的同学；不符合典型刻板的性别印象，如男孩子比较文静，女孩子比较像假小子，等等。

在《少年的你》中，有这样一个片段让我印象深刻。

陈念问："谁能帮我？录视频的人吗？站着看热闹的人吗？还是那些问'为什么只有你被挑上，别人就没事'的人？"

在每一起欺凌事件中，所谓的局外人，也就是那些围观的人，他们的确不是施暴者，但也没有提供帮助给受害者。平时新闻八卦你吃吃瓜也就算了，当面对校园欺凌的时候，看客难道不是对欺凌行为的一种纵容吗？

就像那个跳楼的高中男孩，当时作为看客的我们，虽没有把拳头打在他的身上，但却是以另一种更加冷漠的方式对其心灵造成伤害。

* * *

如果你曾经遭遇过欺凌，我知道，这些年你一定很不容易，没能在你不安和无助挣扎时给你拥抱，真的很抱歉。

在你被施暴的过程中，你一定遭遇过各种不堪的贬低，你也曾极度自我怀疑、自我否定。但我想告诉你，被欺负不是你的错，你并不是因为哪里不好才被选中做那个受害者，你无须为此负责，犯错的是欺凌者而不是你。

我们可以吸取教训，以后更加坚定地反抗、保护自己。当我们再遇到校园欺凌或者身边的人遇到欺凌时，希望我们能勇敢行动起来，做出反抗。

这时候一定会有人说，教唆反抗，是以暴制暴，会教坏人。“打回去”这三个字，并不是让你通过暴力的方式制止被欺负，而是要有足够的勇气站起来抗争，说出“我不愿意”，不再忍气吞声，通过家人、学校和法律来维护自己。

学会运用法律的武器保护自己，这是很重要也很难学好的一堂课。

* * *

我知道我写这篇文章其实也做不了什么。

我既无法阻止频繁发生的校园欺凌，更没办法走到受害者身边告诉他们：“不要怕。”

我想说，如果可以，请避免伤害发生，如果无法避免，那请你直面那些人、那些压迫。不要让那些不爱你的人毁了你。你有你的价值，这世界上有很多人愿意陪着你。

那些美好的人和事都还在等着你，即使我们曾在阴沟里痛苦不堪，也要抬头看看天上的星星，在泥泞里开出自己的花。

不管我们曾处在校园欺凌中，还是在人生其他时期的幽暗隧道里，都希望你能记得：任何时候都别向他人屈服，也别向自己屈服，好好长本事才是当务之急。用所有的时间来修炼自己，最好有朝一日闪瞎他们的双眼才好！

如果青春必定疼痛，宁愿是考砸后的懊恼、错失初恋后的眼泪、年少的迷茫与成长的小哀愁。如果青春必定疼痛，那绝不该是校园欺凌。

21

发过光的人，
请你不要黯淡

—

虽说少年心气比想象中逝去得还要快，

但是，发过光的人啊，

不必害怕成为自己“不喜欢的样子”，

除了自然容貌上出现了轻微的折损，

人生大盘上都是增益的。

* * *

6 月 30 日的晚上，伴随着瓢泼的雷阵雨，北方也终于迎来了它的炙热盛夏。一年到了十字路口，一边是回忆，一边是未来，均匀地分布在当下。

总觉得“夏天”是个很妙的词。

短短两个字，就能延展出很多画面：有为了博你一笑在夜空绽放的烟火，有冰镇可乐钻进胃里的清凉，有我们想要穿过人群去拥抱的白衣少年，有外婆在枕边驱赶蚊虫带来的好眠。夏天又好像是一种时间容器，可以把那些我们在脑海里最渴望的时刻都放置进去，藏了许多欲说还休的秘密。每次念起“夏天呀，夏天呀”，就感觉这世界有太多美好值得贪恋。

中考、高考、毕业，成年前的人生重大转折都发生在夏天。无处可藏的炎热，意味着过往的终结和新的启程，像一只无形的手，推着我们往前走。

有时会忍不住讨厌时间的平等，没有让任何人得到过一丝偏爱。

* * *

去高铁站接朋友，在咖啡厅等待的时候，看见几张年轻的脸，他们在叽叽喳喳、说说笑笑，没有对校园生活的不舍，也没有对新阶段的担忧，稚嫩、懵懂，带着清澈的愚蠢。

毕业季早就不属于我了，但我仍觉得自己的一部分灵魂怒放在盛夏时节——因为写作，得以无数次地和少年时的自己相遇。

每年高考前，我都忍不住坐上文字的时光机，回到过去，回到最热烈又最傻气的几年。

背完政治最后一道大题后，我戴着耳机，望着屋顶上光影雀跃的白云与白鸽，无比急切地开始向往离开家乡后的生活；高考结束后的第一件事，当然是染头发、做美甲，然后通宵唱K，拿700块的经费坐十几个小时的火车去省会来了一趟短途旅行，在索菲亚教堂的广场上，我们几个人抱头痛哭，约定着毕业以后每年都要去对方的城市看看对方；深夜，和好友聊起青春里的暗恋，“我永远不会忘记他，他是我青春唯一的男主角”，我们哈哈大笑，又眼眶湿润。

高考结束后和同学们一起热衷追求的那些“疯狂的事”，如今看来，更像是夜市里被路人撞掉的冰激凌，你无能为力，看着它融化成一摊甜腻的水，被赶路的人几脚踩过，只留下一地斑驳。

青春的往事确实美好，但是太嫩了，嫩到世事的风一吹就破。后来，很多人即便在同一座城市，住在同一个街道，一年聚会的次数也屈指可数；后来，那个所谓的男主角，我甚至记不起他的脸。

我们曾在那个夏天用力过猛地认为，生活一定会按照我们的计划，火辣辣前行，谁又能想到未来的光景里，迎面而来的会是一盆又一盆现实的冷水？因为少年们的期待太高，所以难免失望。

* * *

曾在网上看过一个帖子。

帖主的 QQ 密码丢了，想要找回，申述时有个问题：“你的梦想是什么？”

他先是填写了财富自由，答案错误；接着填写了房子，还是错误；后来又试了车子、工作……全部错误！

最后他怅然道：十几年过去了，我们丢掉的何止是那串小小的密码？

的确，十多年的光阴，足以让人们忘掉很多事，那些年少时的梦想，大多随着岁月一并消逝，同青春一起被埋葬。

任何人小时候的梦想，绝不会是买套房。

时过境迁，你还记得曾经那个意气风发、胸怀大志的自己吗？

年少时迫切地种下梦想的种子，无时无刻不盼着它长成参天大树的模样。很长的一段时间，你都在不顾一切地去尝试和奋斗，有一股源源不断的力量指引着你一路向前。

多年以后，你看着别人栽种的鲜花美丽娇艳，绿草郁郁葱葱，而自己精心呵护的树苗仍然瘦弱不堪时，很难不怀疑自己的选择。

前段时间接到朋友 Nabi 的电话，聊了一会儿。

她突然说："你还记得你在同学录上梦想那一栏里写的是什么吗？"

"早就忘了，估计乱写的吧。"

"你写的是'出版一本自己的书'。你看，你的梦想实现了，真好。"

那一刻，心脏仿佛被重击了一般。老读者都知道，我从来没有写过自己的梦想，我曾经一度觉得自己是个没有梦想的人，至于写作，我一直以为是误打误撞、命运使然的结果。

原来，很多年前，我曾向宇宙下过订单，宇宙也一直在冥冥之中助力我，帮我朝着我预估的方向走着。

* * *

说一件小事。

前段时间在苏州的新书发布会结束后，我在门口的阴凉处等团队的同事，听到旁边两个女孩子的对话。

"你这条裙子很好看，新买的？"

女孩拽了拽裙摆的褶皱："没，为这场分享会特意租了一条裙子。"

我扭过头，看了看女孩。

“呀，快开始了，我要去准备一下，C 馆中厅，有空过来。”说完，女孩转身朝会场跑去。

出于好奇，我也跟到会场里。原来这个女孩是一场分享会的主持人，看上去是在念大学的年纪，干干净净的，说话铿锵有力，非常专业和用心的开场白，当时惊艳了我。

明媚、发光、纯白的女孩，微微发颤的声音格外好听，这一幕让我觉得似曾相识。

读大一那年，我被校广播站选中，去采访一位回母校探访的老艺术家。

那是我人生中第一次做采访，也是这样，一个人偷偷准备了很久。第一次化妆，被睫毛夹夹得直流眼泪；第一次密密麻麻写下整个本子的“嘉宾资料”；第一次对着水房的镜子，拿着洗发水瓶当话筒，一遍遍地练习。

当活动结束后，那位老艺术家对初出茅庐的我说：“小姑娘很用心啊！”

也许那对别人来说是非常普通的一天，对我却意义非凡。

就像在会场偶遇的这个女孩一样，在这个普普通通的下午，她勇敢迈出了新旅程的第一步。

* * *

这是一个“少年气”稀缺的时代：“70后”“80后”在高喊中年危机，“90后”“00后”又在推崇丧文化。

有人在狂热地追求地位、金钱和荣誉，也有人把“佛系”和“躺平”奉为新时代元素，但无一例外，无论多么精致的包装，也难掩这些人的油腻和暮气。

少年气注定只属于那些怀揣赤子之心的人，哪怕涤荡一生仍不染一丝的纤尘。

这几年，我越来越欣赏那种能沉浸式做一件喜欢的事并豁得出去的人；欣赏那种经历挫折却不自怨自艾、永不服输的人；欣赏那种不拘于框架、有自己的原则、不随大溜的人。

那种在逆境中依然有光的人，真的是人间宝藏。

正所谓：“二十岁有少年气，是道法自然。三十岁有少年气，是个人选择。”

所以啊，当你选择永远做个少年的那一刻起，世俗就再无可能侵蚀你的内心，你也终将昂首跨过这流年。

想跟正在享受毕业季的你们说，虽说少年心气比想象中逝去得还要快，但你们是自由的、坦率的、勇敢的；你们是明亮的、炙热的、敢于抗争的。

发过光的人啊，请你不要黯淡。

不必害怕成为自己“不喜欢的样子”，除了自然容貌上出现了轻微的折损，人生大盘上都是增益的。

* * *

这几年，我过得还算丰富且顺意，因为工作和人际上都平稳地进入了全新的局面。我感受到自我系统正在变得更加稳固，不是坚硬，而是稳固，是知道自己要做什么，要去哪里，要怎么走，是无法被动摇的那种力量。

唯一的苦恼是灵感与念头转瞬即逝，若没有及时记录或者写下来，便会让那些好思绪白白浪费掉，如同放任枝头的果实熟透却没有来得及采收，眼睁睁地看着它们掉落腐烂一地，有种心疼与愧疚感。

表达欲丰沛，很想跟同频的人交流，却没有多余的精力和时间好好思考。那些珍贵的想法一时半会儿没有降落沉淀下来，也就没能如往常一样有内容产出。

人的灵气有其时令，丛生的时候需要及时养护收割，将其落为实打实的输出，才不会被浪费掉。

我很喜欢“松弛感”这个词，毫不费力的天赋感实在太迷人，可是又不得不承认，现在的我还真的做不到所谓的“松弛”。我还是希望通过“冲一把”“再冲一把”去得到更多的东西。

希望保持内心的少年气、心性、灵感，包括对生活的热情与期望，继续一寸一寸地燃烧自己，投身于认同的人事物中，直到那些预设与自以为是全部消散，直到道理变成真正的经验。

毕竟工作和事业不一样。

工作意味着你经常需要其他人告诉你要做什么事。事业则不同，你只需要自己告诉自己，想要做什么事。

图书在版编目（CIP）数据

每个人的花期不同，不必焦虑有人比你提前拥有 / 万特特著. -- 北京：新世界出版社，2024.5

ISBN 978-7-5104-7837-6

Ⅰ. ①每… Ⅱ. ①万… Ⅲ. ①人生哲学—通俗读物 Ⅳ. ① B821-49

中国国家版本馆 CIP 数据核字（2024）第 025721 号

每个人的花期不同，不必焦虑有人比你提前拥有

作　　者：万特特
责任编辑：周　帆
责任校对：宣　慧　张杰楠
责任印制：王宝根
出　　版：新世界出版社
网　　址：http://www.nwp.com.cn
社　　址：北京西城区百万庄大街 24 号（100037）
发 行 部：（010）6899 5968（电话）　（010）6899 0635（电话）
总 编 室：（010）6899 5424（电话）　（010）6832 6679（传真）
版 权 部：+8610 6899 6306（电话）　nwpcd@sina.com（电邮）
印　　刷：吉林省吉广国际广告股份有限公司
经　　销：新华书店
开　　本：880mm×1230mm　1/32　　尺寸：145mm×210mm
字　　数：180 千字　　印张：8.5
版　　次：2024 年 5 月第 1 版　2024 年 5 月第 1 次印刷
书　　号：ISBN 978-7-5104-7837-6
定　　价：49.80 元